家有学童
好好做饭

灯芯绒 ——— 著

北京科学技术出版社

图书在版编目（CIP）数据

家有学童　好好做饭／灯芯绒著．—北京：北京科学技术出版社，2019.1（2019.12重印）
ISBN 978-7-5304-9853-8

Ⅰ.①家… Ⅱ.①灯… Ⅲ.①食谱－中国 Ⅳ.① TS972.182

中国版本图书馆 CIP 数据核字（2018）第 218222 号

家有学童　好好做饭

作　　者：灯芯绒
策划编辑：张晓燕
责任编辑：原　娟
图文制作：天露霖
责任印制：张　良
出 版 人：曾庆宇
出版发行：北京科学技术出版社
社　　址：北京西直门南大街16号
邮政编码：100035
电话传真：0086-10-66135495（总编室）
　　　　　0086-10-66113227（发行部）
　　　　　0086-10-66161952（发行部传真）
电子信箱：bjkj@bjkjpress.com
网　　址：www.bkydw.cn
经　　销：新华书店
印　　刷：北京博海升彩色印刷有限公司
开　　本：720mm×1000mm　1/16
印　　张：13
版　　次：2019年1月第1版
印　　次：2019年12月第3次印刷
ISBN 978-7-5304-9853-8/T·1008

定价：49.80元

目　录

Chapter 1 冰箱常备菜

古法腌香椿　　　　　　2
酸豇豆　　　　　　　　4
糖醋腌子姜　　　　　　6
辣白菜　　　　　　　　8
酱菜　　　　　　　　　10
自制腊肠　　　　　　　12

Chapter 2 凉拌小菜

炝拌圆白菜　　　　　　14
炝拌大白菜　　　　　　16
蒜泥凉拌马齿苋　　　　18
麻酱豇豆　　　　　　　20
什锦大拌菜　　　　　　22
香拌嫩豆腐　　　　　　24
鸡蛋拌黄瓜　　　　　　26
香椿拌豆腐　　　　　　28
手撕牛肉拌杂蔬　　　　30

Chapter 3 粥、羹、汤

胡萝卜牛肉粥　　　　　32
肉丝青菜燕麦粥　　　　34
芋头海鲜粥　　　　　　36
藜麦杂粮粥　　　　　　38
雪梨红枣炖银耳　　　　40
枇杷百合炖金耳　　　　42

金耳莲子羹　　　　　　44
黑鱼豆腐木耳汤　　　　46
西红柿黑鱼豆腐汤　　　48
雪菜豆腐鱼头煲　　　　50
山药土鸡汤　　　　　　52
猪蹄黄豆汤　　　　　　54
莲藕排骨汤　　　　　　56
牡蛎豆腐汤　　　　　　58
白菜土豆汤　　　　　　60
丝瓜肉片香菇汤　　　　62

Chapter 4 鱼虾菜

葱油淋鱼片　　　　　　64
红烧鲳鱼　　　　　　　66
糖醋鱼片　　　　　　　68
得莫利炖鱼　　　　　　70
干炸小河鱼　　　　　　72
鲶鱼炖茄子　　　　　　74
蒜蓉粉丝开背虾　　　　76
黑胡椒吮指虾　　　　　78
白菜炒虾　　　　　　　80
海鲜小豆腐　　　　　　82
蒜蓉烤虾　　　　　　　84

Chapter 5 解馋肉菜

酱牛肉　　　　　　　　86
卤猪蹄　　　　　　　　88

干炸丸子 90

蜜汁叉烧肉 92

香煎梅花肉 94

芝麻糖醋小排 96

香菇豆豉蒸排骨 98

京酱肉丝 100

茄汁锅包肉 102

笋干炖鸡 104

酸汤鸡 106

板栗炖鸡 108

麻油香拌鸡胗 110

Chapter 6 养胃面食

牛奶全麦馒头 112

全手工豆沙包 114

紫薯葱油花卷 116

肉龙 118

香葱猪肉包 120

萝卜丝香菇烫面包 122

南瓜酱肉全麦包 124

芸豆酱肉包 126

三鲜锅贴 128

苋菜煎卷 130

鲜肉小饼 132

花生糖火烧 134

亚麻红糖馅饼 136

黄金泡泡饼 138

椒盐葱油饼 140

鸡蛋葱花薄饼 142

土豆鸡蛋饼 144

西葫芦鸡蛋饼 146

银鱼鸡蛋饼 148

Chapter 7 一锅出

爆锅蘑菇油菜面 150

葱油海米清汤面 152

西红柿疙瘩汤 154

茼蒿虾米疙瘩汤 156

西红柿鸡蛋手擀面 158

豆角焖面 160

羊肉白萝卜水饺 162

牛肉白菜水饺 164

酸菜猪肉水饺 166

玉米炒饭 168

腊肠煲仔饭 170

蛤蜊南瓜面片汤 172

Chapter 8 下饭菜

肉末雪里蕻炒黄豆 176

上汤苋菜 178

咖喱土豆鸡 180

猪血豆腐熬白菜 182

山药胡萝卜炖羊腿 184

萝卜海带炖排骨 186

麻婆豆腐 188

四喜丸子 190

酸豇豆炒肉末 192

Chapter 9 妈妈牌零食

草莓酱 194

麻花 196

糖烤板栗 198

蜜汁猪肉脯 200

咖喱牛肉干 202

虾干 204

Chapter 1
冰箱常备菜
随用随取秒上桌

封存一整年春天的味道

古法腌香椿

每到香椿季，只需用盐，我们就能把香椿的味道封存。腌香椿有多种吃法，可以直接当作佐餐小菜，喝粥、吃馒头时来一碟，那可真是经典绝配。它还可以用来拌凉菜、当作烧鱼或炖汤时的调味品或者用来煎面饼、炒鸡蛋、拌面，可谓百搭！

原料

香椿 1700 克，海盐 200 克

做法

01
选用新鲜的嫩香椿。老香椿的口感和味道都很差。

02
把香椿清洗两遍。

03
捞出，沥干，摊开放在通风处晾干。

04
等香椿叶变蔫后，用手将香椿理顺。

05
将香椿切碎。

06
将香椿碎放在干净的盆里，加入海盐，拌匀。

07
用双手揉搓，这样可以使香椿的香味充分释放，还可以使海盐渗入香椿中，加快腌制速度。

08
将香椿碎装入干净的容器中，密封，放在阴凉通风处，一周后即可食用。

Tips

1 判断香椿嫩不嫩，最简单的方法是用指甲掐一下香椿的梗，老香椿的梗掐不断，嫩香椿的一掐就断。

2 香椿也可以整枝腌制。只需在通风阴凉处晾半天，然后直接加盐，揉搓之后装入干净的容器中，压实，密封保存。吃之前冲洗一下即可。

3 盐的用量酌情把握。若香椿腌得少，估计很快就能吃完，就不必放太多盐，毕竟高盐食品对健康不利。但若想长期保存，要加大盐的用量。腌的时候尝一下，使其跟咸菜一般咸即可。

4 注意，盛取香椿的餐具要无水无油、保持干净。取出香椿后马上将容器密封，这样腌香椿可以在室温下存放几个月。

酸豇豆

自制的酸豇豆既好吃又健康，而且随用随取，极其方便。

 原料

新鲜豇豆、盐、冰糖、花椒、八角、香叶、桂皮、姜、高度白酒适量，
野山椒半瓶（带汁）

做法

01

豇豆择好，洗净，晾
干，姜切片备用。

02

泡菜坛洗净，倒扣，
晾干。

03

在干净的容器内倒入
适量的水，加入盐、
花椒、八角、香叶、
桂皮，大火煮开，晾
凉，泡菜水就做好了。

04

将豇豆分别系成小把
放入坛内。

05

依次往坛内添加带汁
的野山椒、姜和冰糖。

06

加入适量泡菜水。

07

加入适量高度白酒。

08

加盖，在坛沿上倒点
清水，将泡菜坛放在
阴凉的地方，一周后
豇豆变酸即可食用。

 Tips

1 泡菜坛一定要洗净，晾干。

2 所有容器和餐具（如捞菜的筷子）均不能有油，否则泡菜水容易发霉。

3 盐的用量要酌情把握，泡菜水比平常炒菜的味道略咸即可。

4 豇豆要选嫩而硬实的，否则腌出来的酸豇豆不脆。

5 平常要注意观察，及时补充坛沿的水，并且让坛沿的水始终保持干净。

6 野山椒（带汁）能加快豇豆的发酵速度，也可以不放。

糖醋腌子姜

俗话说："饭不香，吃生姜。"生姜有健脾开胃，解毒杀菌的作用，孩子适当食用生姜益处很多。但孩子大多不喜欢生姜的辛辣味道，妈妈可以试着制作辛辣味不重、口感脆嫩的糖醋腌子姜。把子姜切片，加入调料，装入干净的瓶中，密封，放入冰箱冷藏一天即可。腌子姜脆嫩爽口又开胃，是一款不错的小菜。

原料

子姜 500 克，盐、糖、香醋、生抽适量，香油少许

 做法

01
子姜洗净，沥干。

02
将子姜切片。

03
加入盐，搅拌均匀，腌 20 分钟。

04
挤去子姜中的水分，将其放入盘中。

05
加入糖、香醋、生抽和香油，拌匀。

06
将子姜装入干净的容器中，密封，放入冰箱冷藏，一天后即可食用。

Tips

1 用盐腌过的姜片要尽量挤去水分。

2 腌子姜现做现吃，一次不要做太多；若要长期保存，要加大盐的用量。

3 各种调料的用量可以根据自己的喜好把握，也可只用糖和醋来调味。

4 腌子姜冷藏后口感更加爽脆。

辣白菜

辣白菜可以直接食用，也可以用来炒五花肉、炒年糕、炖豆腐汤、煎泡菜饼、做泡菜鱼头等。辣白菜酸甜香辣，开胃爽口，佐餐必备。

Tips

① 黄心白菜的味道更好，经过霜打的白菜口感更棒。

② 白菜要先用盐腌透，腌的过程中要翻动两次，这样更容易入味。白菜上面压重物有利于水分的渗出。

③ 把梨、姜和蒜搅打成蓉，做出的辣白菜口感更好。

④ 腌过的白菜一定要挤去水分再加入腌料，一是可去除部分咸味，二是易入味。

⑤ 所有的容器都要保持干净，无水无油。

⑥ 做好的辣白菜要放入冰箱冷藏，一般3~4天后即可食用。但此时辣白菜的口感一般，腌半个月以上，辣白菜的口感才达到最佳。

⑦ 制作腌料时，可以根据自己的口味添加芹菜、胡萝卜、苹果、葱白等，不喜欢虾皮、鱼露的也可以不加。

原料

黄心大白菜1棵，梨1个，姜2块，蒜2头，虾皮、辣椒粉、糯米粉、韭菜、盐、糖、鱼露适量

 做法

01
白菜去根、去老帮，洗净，沥干。

02
把白菜纵切为4份，放入盆中。

03
把白菜分片掰开，逐层抹盐，腌半天。

04
为了腌透，白菜上面可以压重物，比如一盆水。

05
糯米粉放入锅中，加水，用小火熬成糊，晾凉。

06
梨去皮、去核，切碎。姜和蒜切末。韭菜洗净、沥干，切成1寸长的段。

07
将鱼露和辣椒粉放入盆中，拌匀，放入糯米糊、糖、虾皮、盐和步骤06中的所有原料，拌匀，静置15分钟，制成腌料。

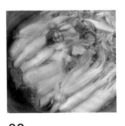

08
取出白菜，挤去水分。

09
将白菜切成合适的大小（也可以不切）。

10
放入腌料，拌匀。

11
密封，室温下放2~3天，放入冰箱冷藏。

佐餐配粥
当属它

酱菜

把黄瓜、尖椒、胡萝卜等常见蔬菜切成条，浇上酱汁，红红绿绿、油油亮亮的酱菜就做好了。这道小菜口感清脆，味道咸鲜微辣，极好地保留了蔬菜原有的味道，用来佐餐非常不错。

Tips

① 制作酱菜的蔬菜和调料，可以根据自己的喜好自由搭配。

② 蔬菜洗净后彻底晾干，腌过后也要尽量沥干。

③ 盐的用量酌情把握，想要酱菜长期保存，就多放些；若现做现吃，可少放些。喜欢甜味的，糖的用量可以多些；不喜欢甜的，少放点儿，提鲜即可。

④ 煮好的酱汁一定要彻底晾凉才能浇在酱菜上。

⑤ 步骤07中加花生油的操作不能省略，花生油可以提味增香，还可以防腐，用芝麻油代替花生油也可以。

⑥ 使用普通的黄豆酱油就可以，用量可依据蔬菜的量决定。腌酱菜时，酱汁最好刚刚没过蔬菜，这样酱菜更容易保存。

原料

嫩黄瓜、尖椒、胡萝卜、姜、蒜、盐、酱油、糖、八角、香叶适量，花生油1勺

 做法

01
嫩黄瓜洗净。

02
放在盖帘上晾干。

03
将嫩黄瓜切条，加入盐，拌匀，腌一天一夜，其间翻动几次。

04
把嫩黄瓜沥干。

05
其他蔬菜也切成条或片，加入盐，拌匀，腌半天，其间翻动几次。

06
将步骤05中的蔬菜彻底沥干备用。

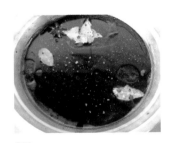

07
锅中倒入适量的水，放入酱油、糖、八角和香叶，煮开，加一勺花生油，继续煮5分钟，制成酱汁，彻底晾凉。

08
将酱汁倒在黄瓜等蔬菜上，拌匀，静置半天，其间翻动几次。

09
等酱汁基本没过蔬菜，将其一并装入干净的容器中，密封保存，随吃随取。

Tips
① 挑选猪肉时，肥肉和瘦肉的比例最好为 3∶7，这样的猪肉吃起来更香，口感更好。
② 猪肉切成丁比绞成肉馅的口感好。
③ 盐、白酒和糖是必需的，其余调料可以根据自己的喜好添加。

味道鲜美
越嚼越香

自制腊肠

🥄 原料

猪后腿肉 2500 克，盐 60 克，粗磨、细磨干红辣椒各 30 克，花椒粉 5 克，味精 5 克，粗磨孜然粉 30 克，高度白酒 60 克，糖 60 克，盐渍肠衣适量

🍳 做法

01 猪肉洗净，晾干。

02 将猪肉均匀切成丁，肥肉丁要切得比瘦肉丁小一点儿。

03 将所有调料加入猪肉丁中，拌匀，腌半天，其间翻动几次。

04 清洗肠衣，用温水浸泡 1 小时。

05 把肠衣的一端打结，另一端小心地套在漏斗下方。

06 通过漏斗将猪肉丁灌进肠衣，用筷子辅助。

07 用棉线将腊肠系紧，分节。每隔 1~2 厘米用牙签在肠衣上刺些小孔，以便排气。将腊肠放在室外阴凉通风处一周左右，使其自然风干。将腊肠放入冰箱冷藏，随吃随取。

Chapter 2
凉拌小菜
开胃爽口孩子爱

学会炝拌
孩子爱吃菜

炝拌圆白菜

炝拌菜想要出彩，炝锅的油最重要。葱、姜、蒜经常被用来炝锅，用热油把它们炸出香味，趁热浇在菜上，拌出的菜味道更好。也可以用花椒和辣椒炝锅，你可以根据自己的口味，选择其中一种或几种炝锅。

 原料

圆白菜1个，姜1小块，蒜2瓣，干红辣椒8个，盐、生抽、糖、香醋适量

🥢 做法

01
圆白菜洗净，沥干，用手撕成小片。

02
将圆白菜放入开水中焯一下。

03
圆白菜变色后马上捞出，过凉开水。

04
将圆白菜挤去水分，放入碗中。

05
加入盐、生抽、糖和香醋，拌匀。

06
干红辣椒切段，姜切丝，蒜切末。

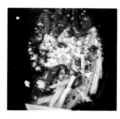

07
起油锅，爆香姜、蒜和干红辣椒。

08
将油和姜等一并浇在圆白菜上，拌匀。

 Tips

1 焯圆白菜时，可以在水里加一点儿盐和油，这样可以使圆白菜颜色翠绿、口感更好。

2 焯过的圆白菜马上过凉开水，口感会更爽脆。

3 焯过的圆白菜一定要挤去水分，这样才能充分入味。

4 用热油炝出姜、蒜和干红辣椒的香味，趁热一并浇在圆白菜上，拌匀，味道最佳。

平民小菜
口感大升级

炝拌大白菜

焯过的大白菜口感绵软，更易入味，再将干红辣椒用油炸出香味，一并浇在上面，炝拌水煮白菜就做好了。这道菜鲜香味美，值得一试。

原料

大白菜 1 棵，小葱 2 棵，香菜 1 棵，干红辣椒 4 个，盐、生抽、糖、香醋适量，香油少许

做法

01
用刀切下白菜叶。

02
将白菜叶撕成小块。

03
将白菜叶放入开水中
焯一下。

04
白菜叶全部变色、变
软后捞出。

05
迅速过凉开水。

06
挤去白菜叶的水分，
放入碗中。

07
加入盐、生抽、糖、
香醋和香油，拌匀。

08
葱和香菜切碎。干红
辣椒切段。

09
将葱和香菜撒在白菜
叶上。

10
起油锅，小火加热，
放入干红辣椒，炸出
香味。

11
将油和干红辣椒浇在
白菜叶上。

 Tips

1 白菜叶一定要焯透，切忌半生不熟。焯过的白菜叶马上过凉开水，这样口感才好。

2 白菜叶挤去水分后再添加调料，这样才更容易入味。

3 步骤 11 是点睛之笔，不可省略。若不吃辣，可以用花椒代替干红辣椒。

17

蒜泥凉拌马齿苋

　　马齿苋是一种营养价值较高的野菜，富含维生素 E 和胡萝卜素，有利于孩子的视力发育。此外，它还有清热解毒的作用，能有效地预防肠道疾病。

原料

马齿苋 300 克，蒜半头，生抽、香醋、香油适量

 做法

01
马齿苋去根，洗净。

02
放入开水中焯至变色。

03
捞出马齿苋，过凉开水。

04
挤去水分，切段或切碎。

05
将蒜捣成泥。

06
蒜泥中加入生抽、香醋和香油，调成凉拌汁。

07
把凉拌汁浇在马齿苋上，拌匀即可。

Tips

1 焯马齿苋的时候可加些盐，这样菜的口感不黏。

2 马齿苋焯过后马上过凉开水，可以保持爽脆的口感。

3 焯过的马齿苋要挤去水分，这样才能入味。

4 口味重的人可以在凉拌汁里加适量的盐。

这种吃法
最适合夏天

麻酱豇豆

夏天正是吃豇豆的季节，豇豆适合凉拌，浇上自制的麻酱汁，清爽鲜香，非常适合夏天食用。

原料

嫩豇豆 250 克，芝麻酱 2 勺，蒜 3 瓣，香油、盐、生抽、糖适量，辣椒油少许

 做法

01
将香油、盐、生抽、糖、辣椒油和少量温开水放入芝麻酱中，调匀，制成麻酱汁。

02
豇豆择好，洗净，切成 1 寸长的段。

03
锅中倒入适量的水，烧开，放入豇豆，焯至断生。

04
捞出豇豆，过凉开水，沥干。

05
蒜拍扁，切末。

06
将豇豆整齐地摆在盘子里。

07
撒上蒜末。

08
浇上麻酱汁，拌匀。

 Tips

1 要选择硬实的嫩豇豆。

2 焯豇豆时，在水里倒一点儿油，可以使豇豆翠绿喜人。

3 焯豇豆的时间不宜过长，豇豆变色、断生即可，捞出马上过凉开水，这样口感才脆。

4 芝麻酱的用量依据个人喜好而定。

什锦大拌菜

什锦大拌菜并无固定的原料，完全依据个人喜好而定。各种颜色的蔬菜拌在一起，营养丰富，好看又好吃。这道清淡爽口的什锦大拌菜，一上桌准保瞬间被吃光。

Tips

① 什锦大拌菜的原料可以根据自己的喜好而定。

② 不吃辣的人，可以用花椒现炸点花椒油来炝拌。口味清淡的人可以只用香油或者橄榄油来拌。

③ 冷热蔬菜不能直接混合，要将热的蔬菜浸凉或摊开晾凉，再与其他蔬菜混合，加入调料，以免变味或串味。这样做出的凉拌菜味道最佳。

原料

大白菜心 1/4 个，菠菜 1 把，海藻粉丝（或绿豆粉丝）50 克，胡萝卜半根，鸡蛋 2 个，豆腐皮 1 张，大葱 1 棵，香菜 1 棵，干红辣椒 3 个，盐、糖、生抽、陈醋少许

做法

01
平底锅内抹油烧热，倒入打散的蛋液，摊成薄的鸡蛋饼。

02
鸡蛋饼晾凉，切细丝。

03
海藻粉丝提前用温水泡软。

04
白菜心切细丝。

05
胡萝卜切细丝。

06
豆腐皮切细丝。

07
将豆腐皮放入开水中焯一下，捞出，沥干，晾凉。

08
菠菜择好、洗净，放入开水中焯至变色，捞出过凉开水，挤去水分，切段。

09
葱和香菜切小段。

10
步骤 02~09 中的原料放入碗中，加入盐、糖、生抽和陈醋，拌匀。

11
干红辣椒切丝。起油锅，用小火将干红辣椒炸出香味。

12
将油和干红辣椒丝浇在碗中，拌匀，装盘。

香拌嫩豆腐

豆腐能补钙，如何让它变得更有味是妈妈们的必修课。这道香拌嫩豆腐中还有花生、辣椒油、香菜和小葱等原料，吃起来香辣可口有滋味，还不失豆腐的原香。

Tips

1 用盐水焯豆腐可以去除豆腥气，而且焯过的豆腐不易碎。

2 因为豆腐不方便搅拌，所以要将凉拌汁浇在豆腐上，这样便于豆腐入味。

3 炒花生要用小火慢炒，若是火大了，花生容易外焦内生。

4 炒熟的花生要彻底晾凉后再擀碎，这样才会更脆、更香。

原料

嫩豆腐 300 克，花生 50 克，香菜 1 棵，小葱 2 棵，盐、糖、生抽、香醋、香油、辣椒油适量

做法

01
嫩豆腐切块。

02
锅中倒入开水，加入适量的盐，放入豆腐，焯一下。

03
捞出豆腐，沥干。

04
花生用小火，炒熟，取出，晾凉。

05
花生去皮，擀碎。

06
香菜和葱切碎。

07
将盐、糖、生抽、香醋、香油和辣椒油放入碗中，调成凉拌汁。

08
将凉拌汁浇在豆腐上。

09
撒上花生、葱和香菜，拌匀。

鸡蛋拌黄瓜

洗两根黄瓜，炒几个鸡蛋，拍几瓣蒜，加入盐、醋、香油等，简简单单一拌，满满当当一盘。这道鸡蛋拌黄瓜清爽开胃，营养十足，鲜得没法说！

Tips

1 手掰的黄瓜比刀切的味道好。

2 蛋液里加点儿料酒可以去腥，炒出的鸡蛋更嫩。

3 炒鸡蛋晾凉后再与黄瓜拌在一起，否则这道菜的味道会改变。

4 鸡蛋炒得嫩一点儿或老一点儿均可，这取决于个人的喜好。

5 黄瓜加盐后容易出水，最好上桌前再倒凉拌汁，现拌现吃。

6 不吃辣的人可以省略步骤 10。

原料

鲜黄瓜2根，土鸡蛋4个，蒜4瓣，香菜1棵，老干妈辣酱、盐、料酒、生抽、糖、陈醋、香油适量

 做法

01
鸡蛋打散，加入盐和料酒，搅匀。

02
起油锅，倒入蛋液，炒熟后用锅铲切成小块，盛出，晾凉。

03
黄瓜洗净，擦干，用擀面杖拍扁。

04
然后用手将黄瓜掰成小块。

05
蒜拍扁，剁碎。

06
香菜切段。

07
将步骤 02~06 中的原料放入碗中。

08
将盐、生抽、糖、陈醋和香油放入另一个碗中，调成凉拌汁。

09
将凉拌汁浇在黄瓜和鸡蛋上，拌匀。

10
加入老干妈辣酱。

11
拌匀。

蛋白质钙质
同补就吃它

香椿拌豆腐

香椿富含蛋白质、脂肪、碳水化合物、钙、磷、铁、胡萝卜素和维生素 C 等，具有健脾开胃、清热解毒的作用。香椿拌豆腐，爽口又营养。

原料

香椿芽 50 克，卤水豆腐 250 克，盐、味精、香油适量

 做法

01
卤水豆腐切成块。

02
锅中倒入开水，加入适量的盐，放入豆腐，焯一下。

03
待豆腐微微浮起时捞出，沥干，装盘。倒掉锅中的水。

04
香椿芽掰开，洗净。

05
锅中倒入开水，放入香椿芽，焯一下。

06
待叶子变绿、飘出香味时，捞出香椿芽过凉开水，沥干。

07
把香椿芽切碎。

08
将香椿芽均匀地撒在豆腐上。

09
碗中放入盐、味精、香油和 2 勺凉开水，调成凉拌汁。

10
将凉拌汁淋在香椿芽和豆腐上。

 Tips

1 盐水焯过的豆腐没有豆腥味，而且不易碎。

2 香椿芽提前用开水焯 1 分钟，可去除大部分硝酸盐和草酸，吃起来更健康。

3 盐和味精溶解后淋在菜上，会使菜更入味。

4 将香椿拌豆腐静置 10 分钟后再食用，味道更好。

5 调料不宜太多，这样才能凸显出香椿和豆腐的原香。

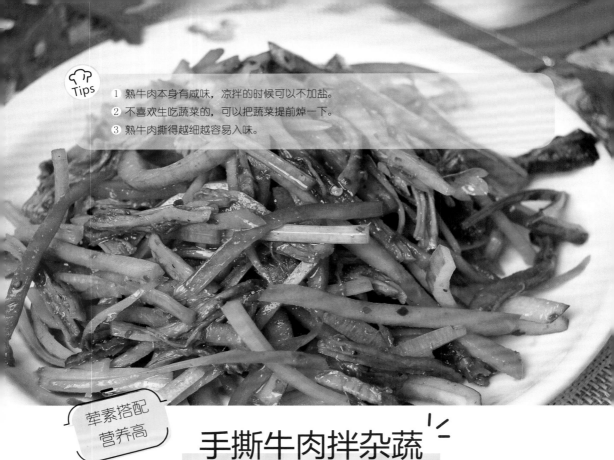

Tips
① 熟牛肉本身有咸味，凉拌的时候可以不加盐。
② 不喜欢生吃蔬菜的，可以把蔬菜提前焯一下。
③ 熟牛肉撕得越细越容易入味。

荤素搭配
营养高

手撕牛肉拌杂蔬

 原料

熟牛肉 150 克，香芹 2 棵，洋葱半个，胡萝卜半根，红辣椒半个，
辣椒粉 1 勺，生抽、糖、香醋适量

 做法

01 熟牛肉用手撕成丝。

02 各种蔬菜洗净，沥干，切成和
熟牛肉差不多粗细的丝。

03 将熟牛肉和蔬菜放入碗中。

04 碗中撒入辣椒粉。

05 将油倒入锅中，烧热后浇在辣
椒粉上。

06 加入生抽、糖和香醋，拌匀。

Chapter 3

粥、羹、汤

汤水最养人

胡萝卜牛肉粥

这款粥中有肉和蔬菜，营养丰富，搭配一款孩子喜欢的面食和一份水果，就是一顿丰盛的早餐，孩子吃了以后一上午都能保持旺盛的精力。

Tips

① 香米提前浸泡，水开后下锅，锅内滴几滴油，这样会让粥熟得快而且黏稠。

② 用砂锅煮粥不能离人，开锅后转小火，锅盖不要盖严，避免粥溢出；还要时常搅动，以免粘锅。

③ 也可以用电饭煲或高压锅煮粥。将牛肉末炒出香味，加入调料后放入粥中，搅匀。

④ 牛肉末可以用猪肉末、鸡肉末、虾蓉代替，也可以用卤牛肉丁或火腿丁代替；胡萝卜可以用山药、南瓜、莲藕等代替。

原料

泰国香米 100 克, 牛肉 80 克, 胡萝卜 1 根, 姜 1 块, 小葱 2 棵, 花生油、盐、料酒、白胡椒粉、生抽、香油（可选）适量

做法

01
香米洗净，浸泡约半小时。

02
牛肉剁成末。

03
胡萝卜切丁。

04
姜和部分葱提前切一下，泡水，制成葱姜水。剩余的葱切碎。牛肉末放入碗中，加入花生油、盐、料酒、白胡椒粉、生抽和葱姜水，搅匀。

05
砂锅中倒入水，烧开后放入香米，在水中滴几滴花生油，大火煮沸后转小火，中间要时常搅动，以防粘锅。

06
香米煮熟后，放入胡萝卜，煮至胡萝卜熟透，粥变黏稠。

07
放入牛肉，用筷子拨散。

08
煮开，撒上盐和白胡椒粉。

09
淋几滴香油，撒上葱花即可关火。

方便快捷

肉丝青菜燕麦粥

用燕麦片煮粥方便快捷，还可以加入其他原料使其营养更丰富。这款肉丝青菜燕麦粥里就包含了粮食、蔬菜、菌类、肉类等原料，营养全面，味道鲜美，有助于消化吸收。

 原料

油菜 1 把，鲜香菇 5 朵，猪肉 50 克，燕麦片 50 克，小葱 2 棵，盐、生抽、白胡椒粉适量

做法

01
油菜、香菇和猪肉切丁，葱切碎。

02
起油锅，油热后放入肉丁，煸炒出香味。

03
放入部分葱花，炒出香味后放入香菇，炒至水分全无。

04
放入油菜，炒至断生，倒入适量热水，煮开。

05
放入燕麦片，搅匀，转小火继续煮 2 分钟。

06
用盐、生抽和白胡椒粉调味，撒上剩余的葱花，关火。

 Tips

1 要选择稍微带点儿肥肉的猪肉，把肉丁煸黄、煸香后再加入其他原料，会让粥的味道更香。

2 燕麦片煮熟后体积会膨胀，所以添加的燕麦片无须太多，否则粥会太稠。

3 鲜香菇可以用其他菌类代替，也可以使用干香菇；油菜可以用茼蒿、芹菜、菠菜、油麦菜、生菜等绿叶菜代替；猪肉可以用虾仁、牛肉、火腿等代替。

健脾养胃
就属它

芋头海鲜粥

芋头口感绵软、爽滑，营养丰富。这款芋头海鲜粥健脾益胃，味道好极了。

原料

芋头 150 克，泰国香米 100 克，鲜海虾 100 克，文蛤 100 克，大葱、姜、花生油、盐、糖、白胡椒粉适量

 做法

01
香米提前用水浸泡半小时左右。

02
芋头去皮，切成滚刀块。海虾和文蛤洗净，沥干。

03
砂锅中倒入水，烧开后加入香米，滴几滴花生油，煮开后转小火继续煮，不时用勺子沿一个方向搅动。

04
葱、姜切碎。起油锅，加入姜和一部分葱花，爆香后放入芋头，大火煸炒。

05
芋头表面变色后，关火。将芋头放入砂锅，酌情添加热水，盖上锅盖，留个缝，用中小火继续煮。

06
煮至芋头软烂，加入海虾和文蛤。

07
煮至海虾变红、文蛤开口，加入盐、糖和白胡椒粉调味。

08
起锅前撒上剩余的葱花即可。

Tips

1 刮芋头皮时戴上手套，否则皮肤会痒。

2 香米提前浸泡，水开后下锅，会更容易煮熟。

3 芋头煸炒后再放入砂锅中煮会让粥的味道更浓郁，也可以直接煮。

4 煮粥的时候人不能离开，要时常用勺子搅一搅，免得粘锅。

5 芋头可以用莲藕、山药、土豆、胡萝卜等代替，鲜海虾可以用螃蟹、海米、扇贝等代替。

藜麦杂粮粥

很多原料都可以用来制作杂粮粥。这次我选择了藜麦、大米、薏米和红豆，并加入新鲜玉米和花生，用高压锅快速做出了一锅绵软黏稠的杂粮粥。

原料

新鲜玉米 1 穗，新鲜花生 1 碗，大米半碗，藜麦半碗，红豆、薏米适量

做法

01

大米、藜麦、红豆、薏米提前浸泡 2 小时左右。

02

新鲜玉米砍成 2~3 段，剖开，用刀把玉米粒切下来。

03

新鲜花生去壳。

04

将所有原料放入高压锅内，倒入适量的水。

05

盖好锅盖。

06

大火煮至上汽后转小火，继续煮 3 分钟，关火。静置 10 分钟即可食用。

 Tips

1 用砂锅熬粥，小火慢煮，效果最好，但用高压锅更省时。

2 熬粥的具体时长视所用原料和高压锅性能而定。

3 新鲜玉米和花生易熟，若用干花生和干玉米粒，要提前浸泡并适当延长煮粥时间。

4 杂粮粥的原料及分量可以根据个人喜好而定。

喉咙干
就喝它

雪梨红枣炖银耳

入秋以后，孩子会时常感到喉咙干，炖上一锅银耳雪梨红枣汤给他再好不过。这款甜品的原料都很常见，做法也简单，但营养价值却很高，滋阴、润燥还养颜，特别适合秋季食用。

原料

雪梨 2 个，银耳 2 朵，红枣 1 把，冰糖 2 大块

 做法

01
红枣提前用水浸泡。

02
银耳提前用水泡发。

03
银耳去根，用手撕成小朵。

04
雪梨去皮去核，切小块。

05
将雪梨、银耳和红枣放入锅中，倒入适量的水。

06
大火煮开后转小火，炖大约30 分钟。

07
加入冰糖，炖至冰糖溶解、汤汁黏稠，关火。

 Tips

1 水要一次加足，不要中途加水。

2 炖雪梨和银耳的时间依个人喜好而定。喜欢口感稍脆的人炖大约 20 分钟即可，喜欢口感软糯的人可适当延长炖煮时间。

应对雾霾天
清肺又润燥

枇杷百合炖金耳

　　这款枇杷百合炖金耳的做法很简单，将枇杷、金耳、百合和冰糖放在一起煮一段时间即可，其甜度可自行调整，特别适合咳嗽的孩子在雾霾天里食用。

原料

枇杷 500 克，金耳 25 克，百合干 10 克，冰糖适量

 做法

01
金耳提前用温水泡发，洗净，去根，撕成小朵。

02
百合干洗净，用温水浸泡，变软后捞出。

03
枇杷切开，去皮、去核。

04
砂锅内倒入适量的水，加入金耳，大火烧开后转小火继续煮。

05
加入百合干。

06
金耳煮出胶质后，加入枇杷。

07
煮开后继续用小火煮 3~4 分钟，枇杷变色后加入冰糖，冰糖溶解后关火。

 Tips

1 金耳可以用银耳代替。
2 若用鲜百合的话，要最后添加。
3 水开后，一定要用小火慢煮，这样才能煮出金耳的胶质。

金耳莲子羹

　　金耳是一种稀有名贵的食用菌，富含蛋白质和微量元素，营养价值远高于银耳、木耳等，它是一种保健佳品，同时具有较高的药用价值。金耳富含胶质，吃起来滑嫩爽口，还有化痰止咳、清心补脑的作用。

原料

金耳 20 克，去皮莲子 60 克，枸杞少许，冰糖适量

 做法

01
金耳提前用温水泡发，洗净。

02
将金耳撕成小朵。

03
去根。

04
砂锅中倒入适量的水，加入金耳，煮开后转小火煮至透明状。

05
莲子洗净，提前浸泡半小时。

06
将莲子放入砂锅，小火煮至莲子软烂。

07
加入冰糖，小火煮至冰糖完全溶解。

08
加入枸杞，煮开即可。

 Tips

1 金耳要提前用温水泡发，并且撕成小朵，去根。

2 煮金耳的时间可长可短，煮至软烂、黏稠更好。

3 冰糖和枸杞要最后放。

45

用鱼头鱼骨
炖出奶白汤

黑鱼豆腐木耳汤

　　鱼头和鱼骨可是好东西，可以红烧，可以煲汤，味道甚至比鱼肉还鲜，而且营养更丰富。这款汤就是用新鲜的鱼头和鱼骨以及豆腐和木耳炖成的，汤色奶白，味道鲜美。

原料

新鲜黑鱼骨头和鱼头 500 克，卤水豆腐 300 克，木耳 1 把，姜、蒜、大葱、料酒、白胡椒粉、盐、糖适量

 做法

01
黑鱼片去鱼片后，把鱼骨剁成小段，鱼头剁成两半。

02
豆腐切块，提前用开水焯一下，能去除豆腥味，还不易碎。

03
鱼骨和鱼头提前用开水焯一下，沥干。

04
姜切片，葱和蒜切碎。起油锅，爆香姜和蒜。放入鱼骨和鱼头，用大火煎。

05
沿锅边倒入料酒。

06
加入适量热水，大火煮开，转中火继续煮10 分钟。

07
加入豆腐，继续煮 5分钟，用盐、白胡椒粉和糖调味。

08
加入木耳，煮开。撒上葱花即可出锅。

 Tips

1 炖鱼汤用整条鱼也可，也可以选用其他鲜活的海鱼或者淡水鱼做鱼汤。
2 想让鱼汤不腥，以下几个细节需要注意。
a）鱼一定要新鲜，一定要洗净，否则汤的颜色和味道都会受到影响。
b）鱼下锅前要彻底沥干，也可以用厨房专用纸擦干鱼身上的水分。
c）鱼煎过之后再加入热水炖汤，可以去腥，而且鱼汤会更鲜美。一些身上有黏液的鱼，如黑鱼或鲶鱼等，提前用开水焯一下可以去除黏液，也可以去腥。
d）姜、料酒和白胡椒粉都是去腥提味的好帮手。
e）鱼汤煮沸之后，继续用大火煮，保持沸腾状态，鱼汤就会很快变白。炖汤时，不停用勺子撇净表面的浮沫，也可以去腥，而且汤的颜色更纯正。

西红柿黑鱼豆腐汤

新鲜的黑鱼、豆腐和西红柿搭配，就能熬出一锅浓艳鲜美的汤。红色的西红柿，白嫩的黑鱼肉，浓浓的汤汁，鲜美的味道，能够瞬间激发你的食欲，特别适合孩子食用。

Tips

① 要选择熟透的西红柿，这样的西红柿汁液多、颜色正、味道足。

② 西红柿要多炒一会儿，红油才会充足，味道才会浓郁纯正。

③ 豆腐提前放入热盐水中浸泡，可以有效去除豆腥味。

④ 黑鱼表面的黏液太多，下锅之前用开水焯一下可以有效去腥。也可以另起油锅，先把黑鱼两面都煎一下，再放入汤锅中。

⑤ 调味时，糖和白胡椒粉必不可少。糖可以提鲜以及中和西红柿的酸味，白胡椒粉可以有效去腥提味。

原料

鲜黑鱼1条，西红柿2个，卤水豆腐400克，大葱、姜、蒜、香菜、料酒、盐、糖、白胡椒粉适量，味精少许

 做法

01
黑鱼去鳞、去鳍、去鳃、去内脏，洗净并沥干，切成薄片，放入盆中。加入料酒、盐和白胡椒粉，腌15分钟。

02
准备一碗热盐水，将豆腐切块，放入盐水中。西红柿切块。

03
葱和香菜切碎，姜和蒜切末。起油锅，爆香蒜和姜。

04
放入西红柿，大火翻炒，用铲子将西红柿尽量切碎。

05
倒入适量热水，煮开。

06
另准备一口锅，倒入适量的水，烧开，放入鱼片，焯一下。

07
捞出鱼片，放入西红柿汁中，同时放入豆腐，大火煮开。

08
继续煮5分钟，加入料酒、盐、糖、白胡椒粉。

09
出锅前加入少许味精，撒上葱花和香菜。

不爱吃鱼的
都连连夸

雪菜豆腐鱼头煲

这道雪菜豆腐鱼头煲添加了炒过的腌雪菜，又有猪油的滋润，所以味道更加鲜美、醇厚，堪称一种绝妙的味蕾体验。

Tips

1 鱼头一定要新鲜。鱼头先煎一下再炖可以去腥，而且炖出的汤更鲜美。

2 雪菜要提前炒一下，水分挥发之后，出了香味再入锅。

3 豆腐提前焯一下，可以去除豆腥味，还不容易碎。

4 添加一点点肥肉或猪油，汤的味道会更加鲜美香醇。

5 热水要一次加足，小火慢炖，中途若是加水，也要加热水。不要急于添加调料，出锅前5分钟调味即可。

6 腌雪菜可以换成酸菜。鱼头可以用整条鱼代替，用海鲈鱼、鲫鱼、黄花鱼、黑鱼等来做这道菜也可以。

原料

鲢鱼头 1 个，腌雪菜 150 克，卤水豆腐 400 克，五花肉丁 50 克，大葱、姜、料酒、盐、糖、
白胡椒粉适量

做法

01

腌雪菜洗净，切碎，
用水浸泡，换水两
次，至咸味大部分去
除，挤去水分。

02

豆腐切块。锅中倒入
适量开水，加少许
盐，放入豆腐，煮至
微微浮起，捞出沥
干。姜切片，葱切碎。

03

鱼头处理干净，从中
间劈开，把表面的水
分擦干。

04

锅烧热，倒入适量的
油，烧热后放入鱼
头，煎至两面微黄。

05

倒入料酒，加入姜片
以及适量热水，大火
煮开。

06

另起油锅，用小火把
五花肉丁煸炒至油脂
尽出。

07

放入雪菜，大火煸炒
至飘出香味。

08

将豆腐、五花肉丁以
及雪菜放入鱼汤中，
煮开。

09

换成砂锅，小火慢炖
20 分钟。

10

起锅前 5 分钟，用盐、
糖和白胡椒粉调味。

11

起锅时撒上葱花。

山药土鸡汤

鸡汤是效果良好的家庭"常备药",它能帮助孩子预防感冒,驱走严寒,提高免疫力。

原料

土鸡 1 只，铁棍山药 4 根，枸杞少许，盐、料酒、大葱、姜适量

 做法

01
山药去皮后，马上浸泡在水中。葱切段，姜切片。

02
土鸡洗净，沥干，剁成大块。山药切成滚刀块。

03
锅中倒入适量的水，放入鸡块，大火煮开。倒入料酒，继续煮 2 分钟，撇去浮沫。

04
捞出鸡块，用温水冲掉表面的浮沫和杂质。

05
将鸡块放入砂锅，添足热水，大火烧开。

06
撇去浮沫后，加入葱和姜，转小火，炖 40 分钟左右。

07
加入山药，继续小火慢炖。

08
炖至山药软烂，用盐调味，起锅前 5 分钟放入枸杞。

 Tips

1 山药去皮后马上浸泡在水中，可以防止氧化变黑。

2 炖土鸡的时间可以适当延长。

3 土鸡味道足够鲜美，调味只用盐和料酒就好。

4 枸杞要最后放。

猪蹄黄豆汤

用砂锅来慢慢地煮粥和炖汤，效果最好，但忙碌的我们经常没有那么充裕的时间，这时可以考虑使用高压锅。比如这道老少皆宜的猪蹄黄豆汤，如果用砂锅炖，想要猪蹄软烂脱骨，至少得炖 1~2 小时，换成高压锅，最多 20 分钟就搞定了。

Tips

① 黄豆需要提前浸泡，这样更容易炖烂，并且口感好。

② 黄豆提前煸炒，能够去除豆腥味儿。

③ 步骤 10 浮沫要仔细撇净，这样汤色和口味才纯正。

④ 炖制时间需要根据自家高压锅性能灵活掌握。

原料

猪蹄 2 只，黄豆半碗，大葱、姜、花雕酒、盐适量

 做法

01
黄豆提前用水浸泡半天，捞出沥干。猪蹄剁成小块。锅中倒入适量的水，放入猪蹄。

02
大火煮开，继续煮 3 分钟。

03
捞出猪蹄，用热水冲去表面的浮沫和杂质。

04
葱部分切段，部分切碎。姜切片。高压锅中倒入少许油，放入葱段和姜片，煸出香味。

05
放入黄豆，大火煸炒 2 分钟。

06
然后放入猪蹄，大火翻炒。

07
沿锅边倒入花雕酒，翻炒均匀。

08
加入适量热水，没过猪蹄即可，大火煮开。

09
用勺子撇去汤表面的浮沫。

10
盖上锅盖，大火煮至上汽，转成最小火，继续煮 5 分钟，关火。

11
焖 10 分钟以上，开锅，用盐调味。

12
撒上葱花，也可以调份蘸汁蘸着吃。

莲藕排骨汤

藕的营养价值很高，富含铁、钙、植物蛋白质、维生素以及淀粉，具有补益气血、增强人体免疫力的作用。藕还可以增进食欲、促进消化、开胃健中。如果家有胃口不佳、食欲不振的学生娃，妈妈们可以用莲藕制作各种菜肴。莲藕可以清炒、凉拌、炖汤、做馅，无所不能，好处多多。

Tips

1 莲藕用手掰成块，比用刀切的味道要好。

2 莲藕提前用盐腌一下，洗掉盐分再入锅炖，口味会更软糯、更鲜甜、更入味。

3 在步骤 07 和 09 中，锅中的浮沫要撇净，这样汤的颜色和口味才更纯正。

4 喝汤之前，可以把锅内浮油撇出一部分，冷却以后，另作炒菜、炖鱼或者煲汤用。

5 时间充足的话，用砂锅煲汤味道更好。

原料

新鲜猪棒骨500克，莲藕1根，料酒、盐、大葱、姜适量，糖少许

 做法

01
猪棒骨剁成小块，用水浸泡一下去除血水，其间换水两次。

02
莲藕去皮，用擀面杖拍扁，用手掰成块，撒盐，拌匀，腌半小时。姜切片，葱切碎。

03
高压锅内倒少许油，放入姜，煸出香味。

04
捞出猪棒骨，擦干，放入锅中，用大火煎。

05
然后倒入料酒，加入盐和糖。

06
再倒入适量热水，大火煮开。

07
继续煮，用勺子撇去表面的浮沫。

08
莲藕冲洗后沥干，放入锅中。

09
水开后，用勺子撇去浮沫。

10
盖上锅盖，大火煮至上汽，转成小火，继续炖10分钟。

11
关火，静置15分钟。开盖，根据自己口味调整汤的咸淡，并撒上葱花，也可以调份蘸汁蘸着吃。

钙铁锌同补就喝它

牡蛎豆腐汤

　　牡蛎也叫海蛎子，它在所有食物中含锌量最高，同时也是补钙和补铁的好食材。它还富含天然牛磺酸、DHA，能促进大脑的发育。牡蛎的味道十分鲜美，和豆腐一起煮，只需用盐和白胡椒粉调味，出锅的时候淋几滴香油，撒点葱花或者香菜，就成为一锅天然鲜香、爽口滋补的好汤！

Tips

① 牡蛎肉也可以用流水冲洗，这样会洗得更干净，但鲜味会流失一部分。

② 豆腐提前用开水焯一下，能够去除豆腥味，而且焯过的豆腐口感更滑嫩。

③ 牡蛎肉下锅后不能久煮，煮开即可关火，这样口感才会鲜嫩。

原料

卤水豆腐 500 克，新鲜牡蛎肉 300 克，姜、大葱、香菜、盐、白胡椒粉适量，香油少许

做法

01
牡蛎肉在浸泡的水中抓洗，去除杂质。

02
捞出牡蛎肉，将泡牡蛎的水沉淀备用。

03
豆腐切块。

04
锅中倒入适量开水，加少许盐，放入豆腐焯一下，豆腐块微微浮起即可捞出。

05
姜切丝，香菜切段，葱切碎。

06
砂锅中倒入适量的水，烧开，放入豆腐，煮开。

07
加入牡蛎肉，倒入沉淀后的泡牡蛎的水，烧开。

08
用勺子撇去汤表面的浮沫。

09
关火，用盐和白胡椒粉调味。

10
淋几滴香油调味。

11
撒点儿葱花、姜丝和香菜即可上桌。

清新爽口
全素汤

白菜土豆汤

土豆的特点就是营养全面，而且易为人体吸收。关于大白菜也有"百菜不如白菜"的说法。土豆和白菜在汤里相遇，这美妙的滋味，你不妨抽空尝试下！

原料

大个土豆 1 个，大白菜 1/4 棵，大葱 1 棵，香菜、盐适量，味精少许

做法

01
土豆去皮，切成小拇指粗细的条，洗净，沥干备用。白菜叶用手撕成片。葱和香菜切碎。

02
起油锅，油热后，放入葱白，小火煸炒至微黄。

03
放入土豆条，用中火煸炒至变色、变软。

04
倒入适量热水，没过土豆即可，大火煮开。

05
转小火，炖至汤变得浓稠。

06
加入白菜叶，炖至白菜叶和土豆软烂。

07
加入盐和味精调味。

08
撒上葱花和香菜即可。

Tips

1 要选用白菜叶，这样汤更鲜甜。
2 土豆切成条后洗去表面的淀粉，这样炒的过程中不容易粘锅。
3 用小火煸出葱香后再下土豆煸炒，但切忌葱不要炒煳。
4 土豆入锅后，不要马上加水，将土豆煸出香味后，再倒入热水，汤的味道更鲜更浓。
5 白菜入锅烧开后，不要马上关火，小火再炖 3~5 分钟，让白菜的鲜甜味充分融入汤中。
6 这道素菜汤要突出的是白菜和土豆的鲜甜味及香味，只要加盐和少许味精调味即可。

Tips

① 可以用其他蘑菇代替香菇。

② 猪肉最好肥瘦都有，用小火把肥肉的油脂煸出来，把瘦肉煎成微黄，这样做出的汤会格外香。

③ 香菇洗净后，一定要挤去水分再下锅，这样香菇才会吸足汤汁中的鲜香味。

④ 丝瓜和香菇要爆炒至变色发软再倒入热水，热水不要加太多，因为丝瓜和香菇还会渗出水分，这样汤的味道才会浓郁。

⑤ 丝瓜清甜，香菇清香，不要用酱油或豆瓣酱等味道过重的调料，以免盖住它们的味道。

有荤有素
鲜甜快手汤

丝瓜肉片香菇汤

 原料

丝瓜 3 根，鲜香菇 250 克，猪肉 200 克，大葱、盐适量

 做法

01 猪肉切片。丝瓜去皮，切滚刀块。香菇去蒂，洗净，挤去水分。葱切碎。起油锅，油热后加入猪肉，中火煸炒至微黄。

02 加入丝瓜，大火翻炒至软。

03 加入香菇，大火翻炒至软。

04 倒入适量热水，大火煮开，转中火煮至丝瓜软烂。

05 加入适量盐调味，撒上葱花，关火。

Chapter 4

鱼虾菜

吃鱼虾，长智慧

做起来简单
却非常好吃

葱油淋鱼片

这道菜制作简单，所用的调料也不多，吃起来却回味无穷。只要选用活鱼制作，这道菜就会百分之百受到孩子的喜欢。

原料

鲜草鱼 1 条，小葱、姜、盐、料酒、白胡椒粉、蒸鱼豉油（或鲜酱油）、淀粉适量

 做法

01
草鱼处理干净，去头、去尾、去脊骨，取 300 克中段肉。

02
刀倾斜 45°，把鱼肉片成厚薄均匀的片。

03
鱼片放入碗中，加入盐、料酒、白胡椒粉和淀粉，抓匀，腌 10 分钟。

04
葱白切长段，葱叶切碎，姜切丝。

05
锅中倒入适量的水，煮开，逐一放入鱼片。

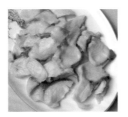

06
待鱼片变色浮起，关火。捞出鱼片，沥干，盛入盘中。

07
浇上蒸鱼豉油或鲜酱油。撒上葱叶。

08
起油锅，油热后下入葱白和姜丝，小火煸出浓郁的香味。

09
将油趁热浇在鱼片上。

 Tips

1　鱼一定要新鲜，否则味道和口感都会大打折扣。可以选新鲜的黑鱼、鲶鱼、龙利鱼、鲈鱼或者比目鱼等少刺的鱼。

2　提前腌鱼片，一是可去腥，二是易入味，但是因为盐有渗透和加快蛋白质凝固的作用，所以腌鱼片的时间不宜太久，以 10 分钟为宜，腌太久鱼肉会发硬，影响口感。

3　焯鱼片时最好一片一片地下锅，这样鱼片易熟，不粘连，而且外观平展、好看。但是放入鱼片的速度要快，否则鱼片不会同时熟。可以抓一把鱼片，捻开转圈儿放入锅中，这样速度快、效果好。

4　焯鱼片时不要随意搅动，以免将其搅碎。鱼片浮起即可关火，若等水沸腾再关火，鱼片的口感就不嫩了。

红烧鲳鱼

红烧鱼是妈妈们几乎都会做的一道家常菜，很多孩子都爱吃。这道菜鱼肉鲜嫩、色泽红润，好吃看得见。

Tips

1 鲳鱼腹内的黑膜要去除干净，利于去腥。鲳鱼肉质厚实，划上十字花刀，方便熟透，易于入味。

2 鱼下锅之前，需要把表面的水分擦干，这样不溅油，不容易粘锅，还可以保持鱼身完整。

3 煎鱼时，要把油烧热，然后放入鱼，直接用大火煎，煎30秒后翻面，鱼身可以保持完整。

4 鱼下锅以后不要急于翻动，等用铲子轻微触碰鱼身就能轻松滑动时再翻面，这样鱼皮不粘锅。

5 煸炒葱、姜、蒜和辣椒时，火不能太大，用小火慢慢煸炒，不会煳锅，香辣味释放得更充分，有利于提升菜品的整体味道。

6 红烧酱油倒入热油中，做出的汤汁味道更浓郁，颜色更好看。

7 在步骤10中，往鱼身上浇汤汁，可以使鱼更入味。

8 糖能提鲜、调和诸味，用量不必多，以吃不出甜味为宜。

 原料

鲳鱼 1 条，干红辣椒 4 个，小葱 5 棵，姜、蒜、小米椒（可选）、盐、白胡椒粉、料酒、红烧酱油、糖适量，味精（可选）少许

做法

01
鲳鱼去鳃、去内脏，洗净，双面划上十字花刀。

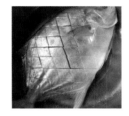

02
用盐、白胡椒粉和料酒腌 10 分钟，可以去腥入味。

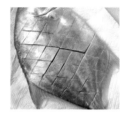

03
用厨房专用纸吸去鱼表面的水分。

04
锅加热后倒入适量的油，油热后，放入鲳鱼，用大火煎。

05
一面煎黄后翻面，双面煎黄后盛出。

06
姜切片，干红辣椒切段，葱部分打结，部分切碎。小米椒切碎。

07
利用锅内底油，爆香姜、蒜、干红辣椒和打结的葱。

08
倒入红烧酱油以及适量热水，煮开。

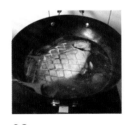

09
将鱼放入锅中，煮开后转中火炖。

10
不时用勺子舀些汤汁浇在鱼身上。

11
盖上锅盖，用中火炖，收汁过半时，用盐和糖调味。

12
用大火将汤汁收至满意的程度，加入味精，撒上葱花和小米椒。

糖醋鱼片

酸酸甜甜的糖醋味会让人胃口大开。炸得外酥里嫩的鱼片搭配酸甜可口的糖醋汁，这道糖醋鱼片一定会成为餐桌上最抢手的美味。

Tips

1 淀粉糊若太稀，鱼片上挂不住，若太稠，鱼片上沾的太多太厚，炸出来口感不好，所以淀粉糊要稀稠合适，用筷子挑起淀粉糊，淀粉糊呈流线状滴落即可。

2 油烧热后再放入鱼片，油温太低的话炸出的鱼片不脆，而且鱼片会吸很多油。可以先放一片试试，鱼片下锅后能迅速浮起说明油温合适，此时转成中火即可。

3 鱼片要逐一下锅，不能一股脑都倒进锅里，那样一是容易粘连，二是油温骤然降低，鱼片不易熟，还会影响其口感。

4 转大火炸鱼是为了让鱼外皮更酥脆，而且会逼出一部分油脂，减少油腻感，但要注意观察，避免炸煳。

5 糖与醋的比例为1:1即可，喜欢甜味的人可以多加糖，喜欢酸味的人可以多倒醋。番茄酱可以增色、提味，喜欢传统糖醋口味的话，也可以不加。

原料

草鱼半条，鸡蛋 2 个，番茄酱 1 大勺，姜、淀粉、香醋、糖、盐、料酒、白胡椒粉适量

 做法

01
将草鱼处理干净，取300 克中段肉。

02
将鱼肉片成厚薄均匀的片，放入盘中。

03
加入盐、料酒、白胡椒粉和少量淀粉，抓匀，腌 10 分钟。

04
鸡蛋打散，加入适量的淀粉，搅匀，制成淀粉糊。用筷子挑起淀粉糊，淀粉糊呈流线状滴落即可。

05
放入鱼片，拌匀，使其均匀地裹上一层淀粉糊。

06
起油锅，油七成热时，逐一放入鱼片，用中火炸。

07
鱼片变黄后转大火，炸至金黄时马上捞出沥油。

08
姜切丝。另起油锅，爆香姜丝。

09
加入番茄酱、香醋和糖，翻炒。

10
加入淀粉糊，勾芡。

11
将糖醋芡汁浇在鱼片上即可。

得莫利炖鱼

　　这本是一道东北特色菜，当地人把鲤鱼（也可以用鲇鱼、鲫鱼、嘎牙子鱼）和豆腐、宽粉条一起炖，成就了这道菜鲜美的味道。这种乱炖的菜，其实只要备好料，有足够的耐心，做起来还是很简单的。

Tips

① 豆瓣酱可以用自己喜欢的其他酱料替换。

② 炖鱼之前，先用油将鱼煎一下，不但可以去腥、提鲜增香，而且炖的时候更利于保证鱼身的完整。

③ 将鱼身的水分擦干再放入锅中，煎的时候不溅油，而且不容易粘锅。

④ 煎鱼时，先把锅烧热，然后倒入油，油热了后再放入鱼，用大火煎。鱼下锅后不要马上用铲子翻动，等用铲子轻微触碰，鱼能轻易滑动时再翻面，可保证鱼的完整。

原料

活鲤鱼 1000 克，五花肉 250 克，老豆腐 400 克，大白菜叶 3 片，宽粉 1 把，豆瓣酱 1 大勺，干红辣椒 6 个，八角 1 颗，花椒 10 粒，香叶 3 片，桂皮 1 块，香菜 1 棵，小葱、姜、蒜、料酒、盐、糖适量

做法

01
五花肉提前煮至能用筷子穿透。盛出肉汤备用。葱切段，姜切片，蒜拍扁。

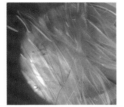

02
宽粉提前用温水泡软。香菜切碎。

03
老豆腐和五花肉切成大片，白菜叶切成大片备用。

04
鲤鱼处理干净，擦干水分。平底锅中倒入适量的油，放入鱼，大火煎至双面金黄。

05
另起油锅，放入葱、姜、蒜、干红辣椒、八角、花椒、香叶和桂皮，小火煸出香味。

06
加入豆瓣酱，用小火不断滑炒。

07
加入肉汤，烧开。可以再适当加些水，因为宽粉易吸水。

08
加入鱼和五花肉，大火煮开后转中火炖至少 30 分钟，让鱼和肉的味道充分融合。

09
加入料酒、盐和糖，炖至鱼充分入味。

10
加入豆腐和宽粉，继续炖 10 分钟。

11
加入白菜叶。白菜叶易烂，要最后加。

12
炖至白菜叶软烂，撒上香菜，出锅。

小小河鱼
不输任何海味

干炸小河鱼

我第一次做这道干炸小河鱼的时候，本以为它不会很受欢迎，可是一上桌竟成了抢手菜。后来这道干炸小河鱼就成了我家的周末必备菜。它吃起来特别香，准保让你吃完一回还惦记下一回。

原料

鲜小河鱼 500 克，小葱、姜、盐、椒盐、料酒适量

 做法

01

小河鱼去鳃、去内脏，洗净，沥干，放入盆中。葱切碎，姜切丝。

02

加入盐、料酒、葱、姜，拌匀，腌 10 分钟。

03

用厨房专用纸擦干鱼身表面的水分。

04

起油锅，油烧至六七成热时，逐条放入小鱼，大火炸。

05

炸至鱼身变干、表面微黄，捞出，控油。

06

继续加热，油微微冒烟时，放入小鱼复炸一次，鱼身变成金黄后，马上捞出，控油，蘸椒盐食用。

 Tips

1　处理小河鱼很费时间，要有耐心。河鱼一定要选新鲜的，不新鲜的不能吃。鱼洗净后要沥干，腌的时候才容易入味。

2　炸鱼之前腌一下，能去腥、提味，并且盐要一次放足。

3　炸鱼前，一定要把鱼身表面的水分擦干，否则下锅后易溅油，还不容易炸透、炸酥，另外腥味也会重。

4　炸鱼时一次不要放太多条，否则油温会迅速下降，鱼不容易炸透，而且会吸很多油。一次少放，炸好一锅再炸一锅，这样速度快而且效果好。

5　鱼复炸一次是为了让口感更加酥脆，而且这样能逼出鱼身上的部分油脂。

6　炸小河鱼现做现吃，口感酥脆，可以直接吃，也可以蘸椒盐或者自己喜欢的调料食用。

鲶鱼炖茄子

新鲜的鲶鱼和茄子一起炖，鲶鱼肥而不腻，茄子鲜香味浓，荤素相得益彰。茄子吸收了鲶鱼的香，鲶鱼浸入了茄子的味，这道菜营养又好吃，配饭下酒均可。

Tips

1 鲶鱼表面的黏液很多，下锅前一定要洗净，否则会很腥。除了用醋水清洗外，把鲶鱼提前焯一下也可以去腥。

2 豆瓣酱有一定的咸度，需酌情掌握盐的用量。

3 鲶鱼本身所含的油脂很多，所以爆锅的时候要少用油。

4 茄子要炖得绵软烂糊才好吃。

原料

鲜鲶鱼 2 条，紫线茄子 6 个，小葱、姜、蒜、郫县豆瓣酱、花椒、野山椒、香菜、料酒、醋、盐、糖、白胡椒粉适量

 做法

01
鲶鱼去鳃、去鳍、去尾、去内脏，洗净，放入盆中。

02
盆中倒入适量的水和醋，反复清洗鲶鱼表面的黏液，鲶鱼洗净后沥干，剁成块。

03
葱白切段，葱叶切碎。姜切片，野山椒和郫县豆瓣酱剁碎。

04
起油锅，爆香葱白、姜、蒜、花椒以及野山椒。

05
放入郫县豆瓣酱，炒出红油。

06
放入鱼块，沿锅边倒入料酒和醋。

07
倒入适量热水，大火烧开。

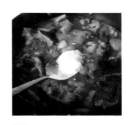

08
加糖调味。

09
茄子用手撕成大块。放入锅内，和鲶鱼一起炖。

10
中火炖至茄子软烂。

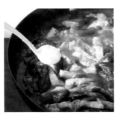

11
放入盐和白胡椒粉。

12
大火收汁，起锅前加入葱花和香菜。

虾蒸着吃
也很好

蒜蓉粉丝开背虾

虾烤着好吃，蒸着吃也不赖。蒸虾时，可以在盘底铺一层粉丝，粉丝会被虾流出的汁水浸透，吃起来咸鲜软糯，十分可口。最关键的是这道菜制作简单，就算是厨房新手也准保能够做成功。

Tips

① 粉丝不要泡得太软，不硬即可铺盘，因为蒸过后粉丝会吸收汤汁变得更软，甚至糊化。

② 煸蒜蓉时一定要用小火，颜色微黄即可放入调料，否则蒜蓉易煳，而且味道发苦。

③ 用一半炒过的蒜蓉、一半生蒜蓉及其他调料制成蒜蓉汁浇在虾背上，蒸出的虾味道最佳。

④ 大虾的虾枪很尖锐，最好提前剪掉。虾线不剔除的话腥味重。特别是养殖虾，虾线一定要剔除。将牙签插入虾身的第二个关节处，向上挑，很容易就能取出整条虾线。

⑤ 开背的大虾更容易入味。

⑥ 蒸虾的时长要视虾的大小来定，不可久蒸，虾久蒸之后水分尽失，口感欠佳。

⑦ 最后一步一定要将油烧热再浇在葱花上，这样才能充分激发出葱香。

 原料

海虾 300 克，蒜 50 克，粉丝 50 克，花生油 1 大勺，小葱、料酒、蒸鱼豉油、糖适量

 做法

01
粉丝用水泡软。蒜拍扁后切末。葱切碎。

02
起油锅，放入一半蒜末，用小火煸至微黄，飘出香味。

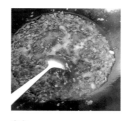

03
加入料酒、蒸鱼豉油和糖，烧开。

04
将步骤 03 中的原料倒入碗中，加入另一半蒜末，拌匀，制成蒜汁。

05
剪去虾枪和虾须，剪开虾背，挑出虾线。

06
将粉丝平铺在盘底。

07
上面铺上大虾。

08
将蒜汁均匀地浇在每一只虾背上。

09
开水下锅，隔水蒸制，大火蒸 6 分钟，关火。

10
静置 2 分钟后取出，在虾背上撒上葱花。

11
烧热一勺油，趁热浇在葱花上即可。

我家孩子
超爱吃

黑胡椒吮指虾

在蒜和黑胡椒的香味衬托下，更显出虾肉的细嫩和鲜甜。这道菜能让孩子吃到吮指，吃到舔嘴抹唇。

 原料

对虾 8 只，姜、蒜、黑胡椒粒、盐、料酒、生抽适量

做法

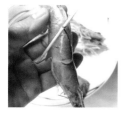

01

虾洗净，剪去虾须和虾枪，剪开虾背，挑出虾线，然后将虾放入碗中。

02

姜切丝。将盐、料酒、生抽和姜丝放入碗中，拌匀。

03

撒上现磨的黑胡椒，腌 15 分钟。

04

用竹签穿起大虾（可以省略）。

05

蒜切片。起油锅，用小火将蒜炸出香味。

06

放入大虾，两面都煎成红色。

07

然后倒入步骤 03 中腌虾的汁水，用中火焓一下。

08

汁水基本收尽，再撒上一层黑胡椒。

09

将虾煎出香味即可。

 Tips

1 虾提前腌一下会更入味。

2 现磨的黑胡椒味道更浓郁，黑胡椒分两次添加，更能凸显出其香气。

3 鲜鱼、梅花肉、鸡翅、鸡腿等都可以用这种方法煎着吃，还可以用烤箱烤着吃，味道可以选择原味、盐焗、蒜蓉、麻辣等。

高钙高蛋白
止咳防感冒

白菜炒虾

这道菜很适合冬天吃。冬季正是吃大白菜的季节，它有化痰止咳、防治感冒的功效。大白菜和高钙、高蛋白的海虾搭配，营养丰富，吃起来咸鲜清甜，令人回味无穷。

原料

大白菜叶 4 片，海虾 6 只，干红辣椒 4 个，香菜 1 棵，小葱、料酒、姜适量

做法

01
海虾剪去虾枪和长须，挑出虾线，用厨房专用纸吸去水分。

02
用手将白菜叶撕成大块。这样白菜叶出水少，而且味道比刀切的要好。

03
葱和干红辣椒切小段，姜切丝，香菜切碎。

04
锅烧热，倒入适量的油，油热后，放入海虾，用中火煎。

05
煎至虾身变红，用铲子反复挤压虾头，炒出红红的虾油。

06
把虾拨至一边，利用锅内底油爆香葱、姜和干红辣椒。

07
加入白菜叶，大火翻炒，然后沿锅边倒入料酒。

08
继续用大火翻炒，白菜叶变软后，用盐调味。喜欢软烂口感的，可以稍微加点儿水，盖上锅盖焖一会儿。

09
翻炒均匀，撒上香菜即可出锅。

 Tips

1 虾枪很尖锐（特别是大虾的虾枪），要提前剪掉。虾枪剪得彻底些，更有利于虾脑的流出。将牙签插入虾身第二个关节处，向上挑，很容易挑出完整的虾线。

2 用铲子挤压虾头，可使虾脑流出。经过热油的煸炒，海虾颜色漂亮，味道鲜美。

3 白菜叶比白菜帮的味道更加鲜甜，而且出水少。追求完美口感的话，可以提前把白菜叶炒至软烂，盛出备用。爆香葱、姜和干红辣椒后，放入白菜叶，大火翻炒几下即可出锅。

既是高钙菜
又是可口汤

海鲜小豆腐

把豆腐碾成渣，和鲜虾、笔管鱼一起炒，出锅前加入绿叶菜，炒熟即可。这道菜口味鲜香，绿色健康。海鲜和豆腐的香味充分融合，雪白的汤汁中浸着豆腐和海鲜，吃上一口，豆腐滑嫩，海鲜弹牙，所有孩子都会爱上这道菜。

原料

卤水豆腐 300 克，茼蒿 50 克，鲜虾 120 克，笔管鱼 80 克，小葱、姜、料酒、盐适量，味精少许

做法

01

豆腐用勺子或刀背碾碎。

02

茼蒿洗净，沥干，切碎。

03

鲜虾去头、去皮、去虾线，切丁。笔管鱼洗净，切段。葱切段，姜切片。

04

起油锅，爆香葱、姜，小火煸炒到焦黄时，盛出。

05

加入豆腐、鲜虾和笔管鱼，大火翻炒，倒入料酒。

06

炒至虾肉变红，笔管鱼变白时，加入茼蒿，继续翻炒，茼蒿变色后，加入盐和味精，翻炒均匀即可出锅。

Tips

虾和笔管鱼可以用海参、鲍鱼、鱿鱼、蛤蜊、扇贝等代替，种类可多可少。茼蒿可以用荠菜、生菜等代替。

Tips
1 烤的时长视虾的大小和烤箱的功率而定，虾肉变白说明已熟透。
2 烤盘内铺一张锡纸，更容易清理。

看起来复杂
做起来简单

蒜蓉烤虾

 原料

冰鲜对虾 6 只，橄榄油 1 勺，小葱、姜、蒜、盐、料酒适量

 做法

01 虾自然解冻，剪去虾枪和虾须。剪开虾背，用牙签剔除虾线。

02 用刀把虾背切开，但不要切断。展开虾背，用刀背拍一下。

03 用盐和料酒腌 10 分钟。

04 葱、姜、蒜切末，放入碗中，加入橄榄油，拌匀。

05 烤盘内铺一张锡纸，将虾逐一摊开放在上面，再将步骤 04 中的原料均匀地铺在虾背上。

06 将烤盘放入烤箱中层，用 200℃上下火，烤约 15 分钟。

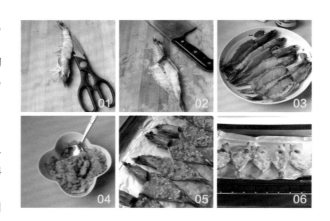

Chapter 5

解馋肉菜

补身体，增能量

酱牛肉

酱牛肉鲜香可口，深受孩子喜爱。酱牛肉可以直接食用，也可以蘸调味汁食用，还可以在煮牛肉面、炒菜和炖汤时当作配料。

Tips

1 牛腱子肉最适合制作酱牛肉。

2 肉选好后，先整块洗净，然后切块，用冷水浸泡约半小时，去除污血、杂质。

3 焯牛肉时要将肉放在冷水中，再将水煮开，这样才能充分去除血沫和异味。

4 牛肉焯过后用冷水冲洗并浸泡，可以让肉质更紧实。

5 调料不必多而全，可以根据自己的口味调整。

6 盐不要放得太多、太早。

7 在步骤 05 中，水要一次倒足，若是中途发现水少，应加开水。

8 在锅中放几片山楂干，牛肉熟得快，还可去除异味。

9 煮牛肉的时间不宜过长，否则牛肉没有嚼劲，而且易碎，煮至筷子能够轻松插透牛肉即可。

10 酱牛肉冷藏以后更容易切成薄片。

11 煮熟的牛肉可以在酱汁中多泡几小时，这样更入味。也可以直接将酱牛肉放入冰箱冷藏。

原料

牛腱子肉 1000 克，葱白 3 段，姜 4 片，八角 1 颗，草果 1 个，桂皮 1 段，香叶 2 片，山楂干 2 片，料酒、盐、生抽、老抽、糖、黄豆酱适量，小茴香少许

做法

01
牛肉洗净，切小块。八角、草果、桂皮、香叶、小茴香和山楂干洗净，放入调料包。姜切片。

02
牛肉用冷水浸泡半小时，去除血水。

03
锅中倒入适量的水，放入牛肉，大火煮开后再煮 5~10 分钟，撇去浮沫。

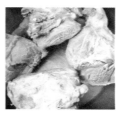

04
捞出牛肉，用冷水洗净并浸泡 10 分钟，使肉质紧致。

05
另准备一口锅，倒入适量的水，加入葱、姜和调料包，大火煮开。

06
加入牛肉和料酒，大火煮开。

07
加入生抽、老抽和黄豆酱，中火炖半小时，转小火再炖半小时。

08
加入盐和糖，继续用小火炖 20 分钟。

09
将筷子插入牛肉，能轻松插透即可关火。

10
捞出牛肉，晾凉，自然风干 2 小时。

11
将酱汁再次烧开，放入牛肉，小火炖 20 分钟，关火，捞出。

12
酱汁过滤并晾凉，冷藏保存，下次使用时添加水和部分香料。

卤猪蹄

这道卤猪蹄不同于脱骨猪蹄的软糯，吃起来口感爽滑，弹性十足有嚼头，特招孩子喜欢。

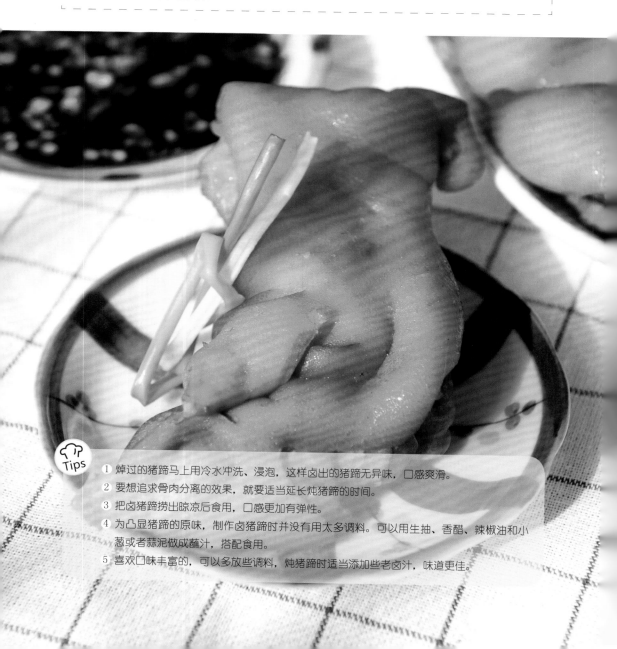

Tips

1 焯过的猪蹄马上用冷水冲洗、浸泡，这样卤出的猪蹄无异味，口感爽滑。

2 要想追求骨肉分离的效果，就要适当延长炖猪蹄的时间。

3 把卤猪蹄捞出晾凉后食用，口感更加有弹性。

4 为凸显猪蹄的原味，制作卤猪蹄时并没用太多调料。可以用生抽、香醋、辣椒油和小葱或者蒜泥做成蘸汁，搭配食用。

5 喜欢口味丰富的，可以多放些调料，炖猪蹄时适当添加些老卤汁，味道更佳。

原料

猪蹄 3 只，小葱、姜、蒜、八角、桂皮、香叶、草果、料酒、酱油、盐、糖适量

做法

01
猪蹄先清理干净，纵向一劈为二。葱切段，姜切片。

02
锅中倒入适量的水，没过猪蹄即可，大火烧开。

03
倒入料酒，大火煮 3 分钟，去除血沫和异味。

04
捞出猪蹄，用冷水洗净，再用冷水浸泡 15 分钟。

05
起油锅，爆香葱、姜、蒜、八角、桂皮、香叶和草果。

06
倒入酱油，炒出香味后倒入适量热水，煮开。

07
放入猪蹄，大火煮开。

08
倒入料酒，不盖锅盖煮 3 分钟。用老抽调色，转小火，盖上锅盖继续煮。

09
煮至猪蹄七八成熟，加入盐和糖提味，继续煮至用筷子能轻松插透猪蹄即可关火。

干炸丸子

可以利用周末，剁点肉和香菇，炸一锅猪肉香菇丸子。丸子可以直接吃，也可以蘸椒盐、番茄酱吃。吃不完的丸子可以做红烧丸子、茄汁丸子、焦熘丸子，还可以烩白菜、烩粉条。吃火锅、做砂锅、煮面时放上几个丸子，可以提味增鲜。家里备上一盆干炸丸子，不想做饭的时候随便配上点儿其他食材，荤素搭配、滋味十足的一餐轻松搞定。

Tips

1 选择猪肉时，肥肉和瘦肉的比例为 3 : 7 最合适，这样做出的丸子香而不腻。

2 手工剁出来的肉馅比机器搅出来的口感好。肉馅中适量添加淀粉和鸡蛋，口感会格外嫩滑。

3 葱和姜可以去腥，讲究一点儿的可以把葱、姜提前泡在水中，制成葱姜水来和肉馅。

4 调味时，糖和酱油最好不添加，以免炸出的丸子颜色发黑。

5 干香菇可以用鲜香菇、莲藕、荸荠等代替，这样既能增加营养，又能提升口感。

6 想要把丸子团得结实、好看，最好让丸子在两手间反复摔打几次。

7 炸丸子时要多倒一点儿油，丸子做得多的话要分几次炸，一起放入锅中的话不容易炸透，而且会影响口感。丸子下锅之后不要马上搅动，以免弄碎，等丸子定型后，用勺子沿一个方向推动丸子即可。

原料

猪肉 1000 克，干香菇 30 克，鸡蛋 2 个，姜、大葱、淀粉、料酒、盐、味精、生抽、香油适量

 做法

01
提前将干香菇洗净，泡发。

02
猪肉洗净，切小块。

03
将小块猪肉剁碎。

04
葱和姜切末。

05
香菇挤去水分，切末。

06
将猪肉、葱、姜和香菇放入盆中。

07
加入鸡蛋、淀粉、料酒、盐、味精、生抽和香油。

08
拌匀，制成肉馅。

09
把肉馅团成丸子状。

10
起油锅，油七八成热的时候，放入丸子，用中火炸。

11
待丸子炸至金黄色，捞出，控油，装盘。

梅花肉的
经典吃法

蜜汁叉烧肉

用烤箱做荤菜，原料要提前腌，烤的时候可以从容地做其他菜，省时又省力。

Tips

1. 制作蜜汁叉烧肉时最好选择梅花肉，这样做出的叉烧肉香嫩不油腻。
2. 腌肉的时候，为了便于入味，可以用牙签在肉上多扎些眼儿。
3. 烤肉时，在肉上刷蜜汁水，可以减少肉里面的水分流失。
4. 出炉前 3~5 分钟，再刷一次蜜汁水，烤出的叉烧肉光泽更好。
5. 将铺上锡纸的烤盘放在烤架下方，以便接住肉滴的汁，这样便于清理。

原料

梅花肉 250 克，红腐乳 1 块，蒜 4 瓣，葱白 1 段，姜 2 片，红腐乳汁 2 勺，酱油、糖、蜂蜜、料酒、蚝油、五香粉适量

 做法

01
蒜切末。葱、姜切丝，并用凉开水提前浸泡，制成葱姜水。

02
将红腐乳、红腐乳汁、酱油、糖、料酒、蚝油、五香粉、蒜和葱姜水放入碗中，拌匀，制成叉烧酱。

03
梅花肉洗净，擦干，切成小块，放入密封盒中。

04
加入适量叉烧酱，然后拌匀。

05
盖上盒盖，放入冰箱冷藏半天至一天，中间翻面两次。

06
将梅花肉摆在烤架上，中间留出空隙。

07
烤箱预热至 220℃，把烤架放在烤箱中层用上下火进行烘烤。

08
碗中倒入蜂蜜，再倒入适量温水，制成蜜汁水。

09
烤肉期间，把肉从烤箱中取出 2~3 次，刷上蜜汁水，继续烤。

10
大约烤 40 分钟，肉熟透即可。

香煎梅花肉

我家冰箱里总少不了这样一盒腌过的梅花肉，做饭时，将梅花肉平铺在锅里，两面都煎一煎，3~5 分钟后一道肉菜就可上桌。我时常拿这道菜招待客人，每次都大获好评。制作这道菜其实没有什么高超的技巧，肉好是关键，其次是调料要简单、精纯，最后是煎肉的火候要刚刚好。

原料

梅花肉 500 克，料酒、盐、味精、辣椒粉、孜然粒、孜然粉适量

 做法

01

梅花肉切成厚薄均匀的片。

02

将肉片放入碗中，加入料酒、盐、味精、辣椒粉、孜然粒和孜然粉，拌匀，腌半小时以上。

03

将锅烧热，倒入适量的油，烧热。

04

将肉片一片片地平铺在锅中，用中火煎。

05

肉片底面变色后翻面，煎至两面都变色即可。

 Tips

1 肉可以切成大片，也可以切成小片，切法不影响味道。

2 若是嫌鲜肉不好切，可以先冷冻一下，这样切出来的肉片厚薄均匀。

3 调料不必放太多，以免掩盖肉香，若使用鲜肉，料酒也可以省略。

4 孜然粒和孜然粉同时使用效果更佳。

5 腌过的肉片放入冰箱冷藏一段时间，效果更好。

6 油烧热后，再放入肉片，这样煎出的肉片会更香。

7 肉片下锅以后用中火煎而不是炒，注意观察，肉片底面变色了马上翻面，双面变色了马上取出，这样火候才刚刚好。

8 用厚底平锅煎肉片更容易操作。

味美容易做
冷热都好吃

芝麻糖醋小排

糖醋小骨是用新鲜猪排制作而成的，它在糖醋菜中极具代表性。它色泽红亮，香脆酸甜，深受大众喜爱，孩子尤其爱吃。

Tips

① 猪肋排切小段更容易入味。

② 炸排骨之前，一定要将排骨沥干，否则易溅油。

③ 若嫌费油，可以用少量的油把排骨煎至表面紧致、变色。

④ 排骨先炖半小时，再用大火炸，这样可以达到外酥里嫩的效果。

⑤ 冰糖和醋要出锅前再放，这样酸甜味更浓郁。

⑥ 冰糖和醋的用量视个人的口味而定，可以边尝边添加。

⑦ 最后收汁的时候，要不停地翻炒，避免煳锅。

原料

猪肋排 500 克，大葱、姜、八角、熟白芝麻、盐、冰糖、料酒、生抽、老抽、香醋适量

做法

01

排骨洗净，切小块。姜切片，葱切段备用。

02

锅中倒入适量的水，烧开，放入排骨，焯一下，去除血水和浮沫，捞出排骨。

03

锅洗净后倒入适量热水，放入排骨，加入葱、姜、八角和料酒，煮开后转中火炖30分钟。

04

捞出排骨放入盆中，倒入料酒、生抽、老抽和香醋，拌匀，腌至入味。

05

起油锅，等油热后，放入排骨，大火炸至表面微黄，捞出控油。

06

另准备一口锅，放入排骨，倒入腌排骨剩下的汁以及半碗煮排骨的汤，煮开，用盐调味，大火收汁。

07

收汁过半时，加入冰糖，翻炒至汤汁浓稠。

08

起锅前倒入香醋，撒上熟白芝麻即可。

香菇豆豉蒸排骨

提前做些准备，在短时间内也能做出一顿营养丰富的饭菜。这道香菇豆豉蒸排骨就是一道快手肉菜，只要做好准备工作，将排骨放入高压锅中蒸 10 分钟左右就可以上桌。

Tips

1 猪肋排切小块，易熟又易入味。

2 喜欢口味丰富的，可以添加更多调料；只用盐、糖调味的话，排骨和香菇的香味更纯粹。

3 喜欢汤汁多点儿的，可以将泡发香菇的水沉淀一下，倒在腌过的排骨上，再将排骨放在高压锅里蒸。

4 香菇撕成小块更容易入味。

原料

干香菇 40 克，猪肋排 500 克，大葱、姜、蒜、豆豉、淀粉、盐、糖、料酒适量

 做法

01
干香菇洗净，用温水泡发。

02
排骨洗净，用冷水浸泡一会儿，水中倒点儿料酒，去除血水。

03
将葱、姜、蒜和豆豉切碎。

04
起油锅，油热后，放入姜、蒜、豆豉和一部分葱，小火炒出香味，盛出。

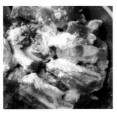

05
排骨沥干，加入淀粉、盐、糖和料酒，拌匀。

06
加入步骤 04 中的原料，拌匀，装入保鲜袋密封，放入冰箱腌 2 小时。

07
香菇挤去水分，铺在碗底。

08
香菇上面铺上排骨。

09
准备一口高压锅，放入排骨和香菇隔水蒸，用大火蒸至上汽。

10
转中火蒸 5~8 分钟，关火，自然排气后取出，拌匀，撒上剩余的葱花。

京酱肉丝

甜面酱用热油炒过，才能散发出特有的酱香，这个过程行话叫飞酱。先把肉丝炒熟，再飞酱，然后把肉丝回锅，将裹满酱汁的肉丝铺在葱白上，拌匀，这道京酱肉丝就做好了。酱、葱、肉的香味融合在一起，真是妙不可言。

Tips

1 肉丝不要切得太细，提前把肉稍微冷冻下更容易切出均匀的肉丝。

2 炒甜面酱时，油温不必太高，并且要用小火慢炒，不停搅拌，以免煳锅。

3 甜面酱也可以直接炒，然后视情况添加料酒、糖和水，最后淋入香油，这样效果更佳。

原料

猪外（里）脊肉 500 克，葱白 2 段，豆腐皮 2 张，黄瓜 1 根，甜面酱、姜、糖、香油、料酒、盐、生抽适量

 做法

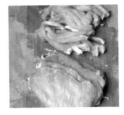

01
猪肉切丝。

02
肉丝放入碗中，加入料酒、盐和生抽，用手拌匀，腌 10 分钟。

03
葱白切丝，姜切末。

04
黄瓜切丝。

05
另拿一个碗，放入甜面酱，加入糖、香油和一点儿凉开水，拌匀，备用。

06
起油锅，锅温热后，加入肉丝，滑炒至肉丝变色，盛出。

07
利用锅内底油，爆香姜末，放入调好的甜面酱，小火滑炒。

08
炒至酱香味浓郁、锅内起泡的时候，放入肉丝。

09
翻炒均匀，盛出肉丝，铺在葱丝上，吃时拌匀。

10
豆腐皮切成方块，用开水焯一下。

11
用豆腐皮将京酱肉丝和黄瓜丝卷在一起吃，味道更好。

茄汁锅包肉

番茄酱味道酸甜，可以增进食欲，和新鲜番茄相比，它的营养成分更容易被人体吸收。若孩子食欲不振、胃口较差，妈妈们可以选用孩子喜欢的食材，尝试用番茄酱调味，做出各式开胃茄汁菜。

Tips

1. 要想吃焦脆口感的锅包肉，用水和淀粉调制淀粉糊即可，不要加鸡蛋；要想吃口感偏软嫩的锅包肉，要用鸡蛋和淀粉调制淀粉糊。

2. 炸肉片时，肉片要一片一片放入锅中，这样肉片才受热均匀，容易炸好。

3. 复炸肉片是为了逼出肉片上残留的油脂，这样做出的锅包肉吃起来爽脆、不油腻。

原料

猪里脊肉 1 条，鸡蛋 1 个，淀粉、大葱、姜、香菜、番茄酱、糖、米醋、盐、料酒适量

 做法

01
把里脊肉切成 2 毫米厚的大片。

02
将肉片放入碗中，加入盐和料酒，拌匀，腌 15 分钟。

03
将糖、米醋、盐和番茄酱放入碗中，加入适量的水和一点儿淀粉，调成汁。

04
鸡蛋打散，加入适量淀粉，搅成糊，确保肉片能均匀挂上一层糊，但糊又不太厚。

05
葱、姜切丝、香菜切段备用。

06
肉片放入淀粉糊中，搅拌均匀。

07
起油锅，油烧至六七成热时，把肉片逐一放入锅中。

08
肉片炸至颜色浅黄时捞出。

09
把油重新烧至八成热，放入肉片进行复炸，炸至表面金黄时，捞出控油。

10
锅内留底油，放入葱、姜和香菜，炒出香味。

11
倒入步骤 03 中调好的汁。

12
放入肉片，翻炒均匀，出锅，趁热食用。

用盐就能成就的美味

笋干炖鸡

制作这道笋干炖鸡时要选择土鸡。无须高超的烹饪技巧，炖的时候只要加入葱、姜和盐，就能获得最自然的味道。有人喜欢在炖汤前去除鸡身上的脂肪，我喜欢放入整只鸡直接炖，这样汤汁表面有一层厚厚的油脂，香味更浓（食用之前把油脂撇净即可）。

Tips

1 炖汤最好选用土鸡，这样味道才足够鲜香。

2 笋干洗净后必须泡软，直接炖汤的话会太硬、太咸。

3 用土鸡和笋干炖汤，用葱、姜和盐调味就足够鲜美，无须添加其他调料，以免破坏食材的原味。

4 时间充裕的话，用砂锅炖汤味道会更鲜美、醇香。

原料

土鸡 1 只，笋干 100 克，姜 2 片，大葱（可选）、盐适量

 做法

01

土鸡洗净，沥干。葱切碎。

02

笋干洗净后，用冷水浸泡，其间换水，去除大部分咸味。

03

笋干挤去水分，切成 1 寸长的段。

04

整只鸡放入高压锅中，倒入适量的水，煮开。

05

撇去表面的浮沫。

06

加入姜。

07

加入笋干。

08

盖上锅盖，大火煮开，转成中小火，继续炖 15 分钟。

09

高压锅自然排气后，打开锅盖。

10

撇去表面的油脂，盛出一部分鸡汤备用。

11

整只鸡用筷子拆散，用盐调味。

12

撒上葱花即可上桌。

酸汤鸡

要想让这道菜有销魂的酸香味，要先将酸菜洗净、切碎，再用冷水浸泡，挤去水分。然后将酸菜放入油锅中煸炒，炒到酸菜里的水分蒸发，酸味被热油和高温充分激发，一缕缕酸味直往你鼻孔里蹿时，再加入其他食材和适量热水，这样烧出的酸汤才足够浓郁。

Tips

1 爆锅的时候，加点儿泡椒和泡姜，酸香味和辣味会更浓郁。

2 买来的酸菜酸味和咸味很重，所以需要提前浸泡。但若酸菜的浸泡时间过长，酸味尽失，吃起来会没有滋味，所以要根据自己的口味控制浸泡时间。

3 酸菜入锅之前，一定要挤去水分，这样煸炒酸菜时才能散发出诱人的酸香味。

 原料

小公鸡 1 只，酸菜半棵，大葱、姜、蒜、干红辣椒、盐、糖、料酒、白胡椒粉适量

做法

01
酸菜洗净，切碎。葱和干红辣椒切段，姜切片。

02
将酸菜放入冷水中浸泡，尝一下，咸淡和酸味适中的时候，捞出攥干水分。

03
鸡洗净，沥干，剁成小块，放入开水中焯一下，待鸡肉全部变色，捞出沥干。

04
起油锅，油热后放入酸菜，炒至没有水分、酸香味飘出时，盛出备用。

05
另起油锅，爆香姜、蒜、干红辣椒以及部分葱白。

06
放入鸡块，大火爆炒，沿锅边倒入料酒。

07
炒至没有水分，鸡块渗出油脂，放入酸菜，倒入适量热水，大火烧开。

08
转中火炖至鸡肉熟透，用盐、糖和白胡椒粉调味，继续炖 5 分钟。

09
出锅前撒上剩余的葱段。

板栗炖鸡

秋天，大街上时不时会飘来糖炒板栗的香甜味。其实板栗不仅可以炒着吃，还可以用来做菜。板栗炖鸡就是一道经典的滋补菜肴，它补肾气、益脾胃，特别适合孩子食用。

Tips

① 剥板栗的时候要趁热，从热水中取一个，剥一个。

② 板栗提前用油煸炒（或炸）比直接放入锅中更容易入味。

③ 若用肉鸡的话，可以同时把鸡和板栗放入锅中，因为肉鸡易熟。

原料

新鲜板栗 500 克，跑山鸡 1 只，大葱、姜、蒜、八角、干红辣椒、彩椒、料酒、盐、糖、生抽、老抽适量

 做法

01
用剪刀逐个在板栗顶部剪出一个十字。葱切段，姜和蒜切片。

02
锅中倒入开水，没过板栗即可，然后加入少许盐。

03
盖上锅盖焖 5 分钟。

04
逐个取出板栗，剥去壳。葱切段。

05
鸡洗净，沥干，剁成大块。彩椒洗净，切小块。

06
鸡块用开水焯一下，去除血水。捞出后用热水洗净，沥干。

07
起油锅，放入板栗，小火炒至变色后盛出。

08
利用锅内底油，爆香葱、姜、蒜、八角和干红辣椒。

09
炒出香味后，放入鸡块，大火爆炒，倒入料酒。

10
倒入适量热水，没过鸡块即可，大火煮开，转中火炖。

11
炖至鸡块七成熟，加入板栗，加入盐、糖和生抽调味，倒入少许老抽上色。

12
炖至鸡块和板栗熟透，大火收汁，加入彩椒，翻炒均匀即可出锅。

Tips

1 鸡胗要选用新鲜的。鸡胗内膜、外层的筋膜和油脂要彻底清除，并用流水反复冲洗鸡胗。

2 鸡胗焯一下并清洗是为了去除异味。

3 用高压锅煮鸡胗时，加入葱、姜、花椒、八角和料酒，可以去腥并增加香味。

4 鸡胗切得越薄越容易入味。

高压锅版
快手肉菜

麻油香拌鸡胗

 原料

鸡胗 400 克，葱白 3 段，姜 3 片，香菜 1 棵，花椒 20 粒，八角 1 颗，料酒、盐、生抽、糖、香醋、香油适量，熟白芝麻少许

 做法

01 鸡胗洗净，放入开水中焯一下。

02 鸡胗变色后捞出，用流水冲掉表面的浮沫和杂质。

03 一部分葱切段，姜切片，八角和花椒洗净。鸡胗放入高压锅中，倒入适量的水，加入葱、姜、花椒、八角、盐和料酒，煮至上汽后，用小火继续煮 5 分钟。

04 关火，高压锅自然排气后，取出鸡胗，晾凉。

05 香菜和剩下的葱切碎。鸡胗切成薄片，放入碗中。

06 加入生抽、糖、香醋和香油，拌匀，撒上葱花、香菜和熟白芝麻即可。

Chapter 6

养胃面食

亲手做，开心吃

有麦香奶香
真的很好吃

牛奶全麦馒头

　　全麦食品的好处想必每个妈妈都知道，如何用全麦粉做出孩子爱吃的食物是妈妈们的必修课。你可以试试这种做法，孩子一定会喜欢吃这种散发着麦香和奶香的馒头。

原料

石磨全麦粉 250 克，普通面粉 250 克，温牛奶约 250 克，酵母 4 克，玉米皮适量

 做法

01
用温牛奶化开酵母，静置 3 分钟。

02
加入全麦粉和普通面粉。

03
搅拌均匀，揉成软硬适中的面团，盖上保鲜膜放在温暖处醒发。

04
待面团体积变为原来的 2 倍，取出，揉匀，排气。

05
将面团分成等大的剂子，揉圆，盖上湿布进行二次醒发。

06
醒发至剂子膨松、轻盈即可。蒸锅中倒入适量的水，放入馒头坯（垫上玉米皮），用大火蒸，上汽后继续蒸 15 分钟左右，关火，虚蒸 3 分钟后揭开锅盖。

 Tips

1 如果全部用全麦粉蒸馒头，馒头的口感会粗糙些，适量加入普通面粉可以改善馒头的口感。

2 蒸馒头的时长要视面团的大小而定。

3 关火后不要马上掀开锅盖，等 3~5 分钟后再掀开，这样馒头出锅后不易回缩。

全手工豆沙包

要想自制发面食品，必须掌握一些制作技巧，比如如何发面等，这样才能制作出白胖、暄腾、喜人的发面食品！

Tips

1. 制作豆沙馅时可以按照个人喜好增减糖的用量。
2. 煮过的豆子可以用料理机搅烂，追求细腻口感的可以把豆沙过筛。
3. 若豆沙软硬正好，可以不炒，直接团成球。炒豆沙时可以根据个人喜好，适量添加油、糖等。
4. 包子皮不要擀得太薄，否则蒸出的包子不暄腾。

原料

面粉 500 克，鸡蛋 3 个，糖 100 克，酵母 4 克，花豆（或红豆）1000 克，玉米皮适量

 做法

01
花豆洗净，用冷水浸泡半天，再次洗净。将花豆放入水中，用中火煮至绵软。

02
捞出花豆放入盆中，加入糖，把花豆捣成豆沙。

03
起油锅，放入豆沙，中火翻炒至软硬适度。盛入盆中，晾凉。

04
将豆沙团成大小均匀的豆沙球。

05
酵母用温水化开，静置 3 分钟。

06
放入鸡蛋，搅匀。

07
加入面粉，一边加，一边用筷子搅成面絮。

08
将面絮揉成光滑的面团，盖上保鲜膜，放在温暖处醒发。

09
面团体积变为原来的 2 倍时，取出揉匀，排气。

10
将面团分割成等大的剂子，擀成较厚的包子皮。

11
包入豆沙馅，捏紧，收口向下放置。盖上湿布，二次醒发至膨松、轻盈。

12
将豆沙包（垫上玉米皮）放入蒸锅，用大火蒸，上汽后转中火蒸 12 分钟，关火，虚蒸 5 分钟后开盖。

紫薯葱油花卷

紫薯营养丰富，可以改善视力。妈妈可以每天让孩子吃点儿紫薯。紫薯葱油花卷柔软暄腾，加了椒盐和孜然，吃起来是越嚼越香。

Tips

① 也可以用其他食用油代替葱油，但这样制作出的花卷没有那么香。

② 面团里添加了紫薯，所以要酌情控制水的用量。醒发后的面团比之前软得多。

③ 做发面食品时，冷水或者沸水下锅均可。蒸的时长由面团的大小决定，不过时间一定要充足，关火后虚蒸 3~5 分钟再揭开锅盖。

④ 紫薯可以换成红薯、南瓜，也可以在面粉中添加少量的杂粮粉（杂粮粉的重量不超过面粉的一半为宜）。椒盐和孜然可以用黑胡椒粉、五香粉、辣椒粉、咖喱粉等代替，还可以将葱花、火腿、肉末或肉松等卷在面片中来制作花卷。

原料

面粉 500 克，酵母 5 克，紫薯 200 克，自制葱油、椒盐、粗磨孜然粉、水、玉米皮适量

 做法

01
紫薯蒸熟，去皮后捣成泥。

02
酵母放入盆中，用温水化开，静置 2 分钟。

03
加入面粉和紫薯泥。

04
一点点地倒入适量的水，揉成光滑的面团（不粘手即可）。

05
面团盖上湿布或保鲜膜醒发，体积变为原来的 2 倍时，取出揉匀。

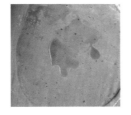

06
将面团擀成近似长方形的面片，倒上适量葱油。

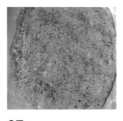

07
把葱油涂抹均匀，均匀撒上椒盐和孜然粉。

08
自面片一端紧实地将其卷起。

09
将面团分成均匀的小段，两两摆在一起，用筷子在中间压一下。

10
抻长，翻卷，捏合，做成花卷坯，盖上湿布进行二次醒发，直至其变得膨松、轻盈。

11
将花卷坯（垫上玉米皮）放入蒸锅，用大火蒸，上汽后转中火蒸 15 分钟，关火，虚蒸 5 分钟后揭开锅盖。

肉龙

肉龙也叫懒龙，是一种传统的发面食品。咬一口，有面，有肉，暄腾腾，香喷喷。若能配上一碗粥或者一碗西红柿汤，就再完美不过了。

Tips

1 选择肥瘦比例为 3：7 的猪肉，做出的肉龙更香。

2 剁肉馅和搅拌肉馅时，可以少量多次地倒点儿水，但要注意不要倒太多，若肉馅太稀，会影响面团的膨松。

3 铺完肉馅，卷起面皮的时候，一定要卷紧，否则蒸出来的肉龙松松散散，肉馅与面皮是分离的。

原料

面粉 500 克，酵母 4 克，猪肉 250 克，水约 250 克，大葱、姜、花生油、盐、酱油、味精、料酒、白胡椒粉适量

 做法

01
酵母用温水化开，静置 3 分钟。加入面粉，一点点地加水，搅成面絮。将面絮揉成面团，盖上保鲜膜醒发。

02
猪肉洗净，切丁，再剁成馅，剁馅时可以少量多次地倒水，肉馅不粘刀就行。

03
葱和姜切末。猪肉馅放入碗中，加入姜末和葱末。

04
加入油、盐、酱油、味精、料酒和白胡椒粉，朝同一个方向搅拌，直至肉馅上劲。

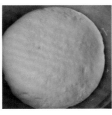

05
待面团体积变为原来的 2 倍，取出。

06
揉匀，排气。

07
擀成厚薄均匀的长方形面片。

08
均匀铺上一层肉馅。

09
从面皮的窄边开始，紧实地将面皮卷起。

10
捏紧收口。

11
蒸锅中倒水，在笼屉上抹油，放入肉龙坯进行二次醒发，直至变得膨松、轻盈。

12
用大火蒸上汽后转中火蒸 25 分钟，关火，虚蒸 5 分钟之后揭开锅盖，晾凉切段。

香葱猪肉包

只要认真操作、注意细节，就能制作出这款营养满分、味道满分的香葱猪肉包。葱香、肉香、菇香完美地融合在一起，一定会让孩子大快朵颐！

Tips

1 泡发香菇的水不要倒掉，沉淀后倒入肉馅中，会使肉馅变得更香。

2 往肉馅里加水时，要少量多次地加，上一次加的水全被肉馅吸收后再加下一次。剁馅的时候也可以加点水，这样肉馅不容易粘在刀上。

3 肉馅里面添加水，做出的包子的汤汁多，但加水太多的话，不容易包成包子，而且会影响包子面皮的膨松。

4 小葱要细细地切碎，而不要乱刀剁，以免影响味道。

5 调馅的时候，若感觉馅太干了，可以少量多次地添加水。

6 馅调好后再添加葱碎，然后只需轻微搅拌一下，可以保留小葱的原味。

原料

猪肉 500 克，干香菇 30 克，小葱 60 克，面粉 500 克，酵母 3~4 克，水约 250 克，姜、花生油、料酒、盐、生抽、白胡椒粉、糖适量

做法

01
按照第 119 页步骤 01 制作面团，盖上湿布放在温暖处醒发。

02
香菇洗净，用温水泡发，挤去水分，切碎。泡香菇的水备用。

03
猪肉切丁，再剁成馅，并将泡香菇的水少量多次地倒入其中。

04
姜和葱切末。将肉馅放入盆中，加入姜和香菇。

05
加入油、料酒、盐、生抽、白胡椒粉和糖，拌匀。

06
加入葱，拌匀。

07
待面团体积变为原来的 2 倍时，取出。

08
揉匀，排气，分成等大的剂子。

09
将剂子擀成四周薄中间厚的包子皮。

10
包入馅料，捏紧收口。

11
包子坯盖上湿布进行二次醒发，变膨松后用大火蒸。上汽后转中火蒸 15 分钟，关火，虚蒸 5 分钟开盖。

萝卜丝香菇烫面包

青萝卜喜油喜腥，配点儿五花肉，加点儿海鲜，再将韭菜或小葱加入其中做成馅料，这样做出的包子营养全面，味道鲜美。刚出锅的包子再配上一碗热粥，大人和孩子吃了以后都会觉得舒坦。

Tips

1. 萝卜喜油喜腥，猪肉选稍肥点儿的，口感会更润。

2. 虾米提前用热油爆一下，鲜香味会更浓。

3. 用韭菜来制作包子馅时，不可过度搅拌，否则不但不鲜，还会串味。先将制作包子馅的其他原料拌匀，再放入韭菜，轻轻搅拌均匀，这样做出的包子味道最好。

4. 青萝卜可以换成白萝卜、白菜或胡萝卜等。虾米可以用虾皮或者干贝等代替，不放虾米的话，加点儿鸡蛋也可以提鲜。

5. 蒸包子的时长依据包子坯的大小而定，小一点儿的蒸 5~8 分钟，大一点儿的蒸 10~12 分钟。

原料

面粉 400 克，开水 100 克，凉水 80 克，青萝卜 500 克，虾米 50 克，猪肉 250 克，鲜香菇 8 朵，韭菜、花生油、盐、生抽、味精、香油、香菜（可选）、姜、玉米皮适量

做法

01
面粉放入盆中，一半用开水烫，一半用凉水和，搅成面絮。

02
将面絮揉成光滑的面团，盖上湿布醒 20 分钟。

03
青萝卜擦丝，放入开水中焯一下。

04
捞出青萝卜，过凉水，挤去水分，剁碎。

05
起油锅，放入虾米，煸炒出香味。

06
香菇用开水焯一下，捞出过凉水，挤去水分，切碎。

07
猪肉、姜、韭菜和香菜切碎，放入盆中。加入青萝卜、虾米和香菇。

08
加入花生油、盐、生抽和味精，拌匀，最后淋几滴香油提味。

09
面团揉匀，分成等大的剂子，擀成包子皮。

10
包入馅料。

11
将包子坯收口处捏成麦穗状。

12
包子坯（垫上玉米皮）大火蒸，上汽后转中火，再蒸 10 分钟关火。

大块的肉丁
吃着更过瘾

南瓜酱肉全麦包

这款全麦包子的馅料是用嫩南瓜丁和腌过的猪肉丁制作的。咬上一口，肉鲜嫩，瓜清香，皮暄腾。再配一碗粥，吃起来无比过瘾。

Tips

① 制作馅料时，最好用刀将猪肉切成丁而不是用机器搅。

② 可以选择自己喜欢的面酱来腌肉馅，因为面酱已有咸味，所以要酌情添加盐。

③ 拌馅时，为了让南瓜少出水，要先用油把南瓜丁拌匀。调馅时，尽量不要再添加液体的调料。

④ 用南瓜做馅容易出水，所以最好先擀皮，再拌馅，这样拌好馅后可以马上包包子，避免南瓜出水。

⑤ 蒸包子的时长视包子坯的大小而定，用南瓜做馅，不能蒸太久，否则馅料会过于软烂。

 原料

嫩南瓜 600 克，猪肉 350 克，全麦粉 200 克，普通面粉 400 克，水约 300 克，酵母 4 克，姜 20 克，盐、花生油、小葱、玉米皮、生抽、老抽、白胡椒粉、料酒适量

做法

01
按照第 119 页步骤 01 用全麦粉和面粉制作面团，盖上湿布放在温暖处醒发。

02
姜和葱切末。猪肉切丁，放入盆中。加入姜、生抽、老抽、白胡椒粉和料酒，拌匀，腌 15 分钟。

03
南瓜去瓤，切丁。倒入适量的油，拌匀。

04
加入肉丁、葱和盐，拌匀。

05
面团醒发至体积变为原来的 2 倍时，取出。

06
揉匀，排气。

07
分成等大的剂子。

08
擀成四周薄、中间厚的包子皮，包入馅料。

09
捏紧收口。盖上湿布，进行二次醒发。

10
醒发至包子皮变膨松，垫上玉米皮，放入蒸锅。

11
大火蒸，上汽后转中火蒸 15 分钟，关火，虚蒸 3 分钟。

要亲手切
味道才好

芸豆酱肉包

制作馅料时，将芸豆和猪肉切丁，比将芸豆剁碎以及将猪肉用机器搅成肉馅的口感和味道好。

Tips

1 芸豆丁的大小随个人喜好而定，颗粒大的吃起来口感更好。

2 芸豆提前炒一下，一是容易熟，二是变软后更容易包，而且吃起来更香。

3 猪肉切丁比剁成肉末的口感好。

原料

面粉 500 克，酵母 4 克，芸豆 500 克，猪肉 300 克，水约 250 克，葱、姜、酱油、香油、玉米皮、花生油、盐、味精适量

 做法

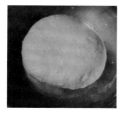

01
按照第 119 页步骤 01 制作面团，盖上保鲜膜放在温暖处醒发。

02
葱和姜切末。猪肉切丁，加入姜、酱油和香油，拌匀，腌 15 分钟左右。

03
芸豆洗净，去筋，切成约 3 毫米长的丁。

04
起油锅，放入芸豆，用大火煸炒，芸豆变色、变软后，盛出，晾凉。

05
芸豆和腌过的猪肉混合，加入葱、花生油、盐和味精，拌匀。

06
面团醒发至体积变为原来的 2 倍时取出，揉匀，排气。

07
分成等大的剂子。

08
擀成中心厚、四周薄的包子皮，包入馅料。

09
包子坯垫上玉米皮，盖上湿布，放在温暖处进行二次醒发，直至包子坯变得膨松。

10
蒸锅中倒入适量的水，放入包子坯（垫上玉米皮），大火蒸。

11
上汽后转中火蒸 15 分钟，关火，虚蒸 3 分钟后揭开锅盖。

两边开口的
"饺子"最好吃

三鲜锅贴

　　锅贴坯的两端故意开着口，煎的过程中，馅料的汁会稍稍渗入外皮里。煎的过程中还要淋上面粉水，这样一是可以延长煎的时间，保证馅料熟透，二是可以煎出薄薄的金黄脆皮。鲜美的韭菜猪肉馅加上香脆可口的金黄脆皮，真是越吃越香。

Tips

① 韭菜要细细地切碎，而不要乱刀剁，这样味道才鲜美。

② 拌馅时韭菜要最后放，因为如果放得太早，韭菜容易出水和串味儿。

③ 将韭菜拌入馅料后，要轻柔地搅拌，不要像搅肉时那样用力，若用劲搅拌，韭菜的颜色会改变，其鲜美的味道也会大打折扣。

 原料

猪肉 250 克，海米 40 克，韭菜 100 克，鸡蛋 2 个，面粉 250 克，水约 125 克，花生油、盐、姜、生抽适量

做法

01
海米泡发后沥干，切碎。取少量面粉，加水，制成面粉水。

02
猪肉切小块，再剁成馅。姜切末。肉馅、海米和姜放入盆中。

03
韭菜洗净，沥干，切碎，备用。

04
肉馅中加入油、盐和生抽，拌匀，加入韭菜，打入鸡蛋，拌匀。

05
面粉放入盆中，边加水边搅拌成面絮。

06
将面絮揉成光滑的面团，盖上保鲜膜，醒20分钟。

07
取出面团，揉匀。分成等大的剂子。

08
剂子擀成圆形薄皮，包入馅料，中间捏住，两边留口。

09
起油锅，油热后，转小火，放入锅贴坯，煎至底部微黄时，淋入少量面粉水，盖上盖煎。

10
煎至水分收干，面皮由白色变成透明，关火。晾 1~2 分钟，装盘，趁热食用。

苋菜煎卷

常见的绿叶菜（比如茼蒿、菠菜、韭菜等）都可以用来做这种蔬菜煎卷，你可以根据自己的喜好选择原料来制作馅料，荤素均可。

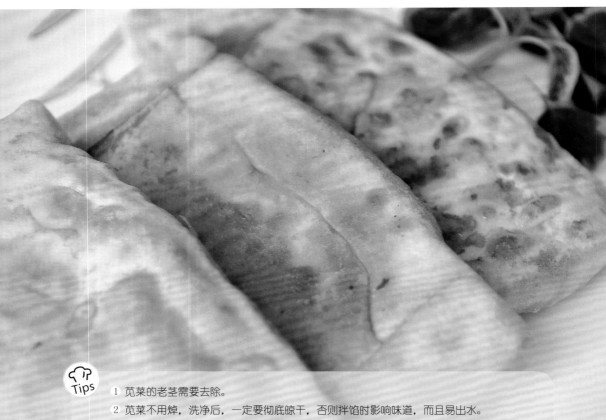

Tips

1　苋菜的老茎需要去除。

2　苋菜不用焯，洗净后，一定要彻底晾干，否则拌馅时影响味道，而且易出水。

3　虾皮用小火煸炒后鲜香味浓，不炒也行，不过味道可就差远了。

4　煸炒姜末和蒜末时，不要等变成金黄色再关火，那样火候就过了，味道也会发苦，因为关火后锅内的余温会使其继续加热。

5　先用油把馅料拌一下，可以有效地防止其出水。

6　因为虾皮有咸味，所以要注意盐的用量。

7　煎的时候要盖上锅盖，一是熟得快，二是水分不易蒸发，面皮不发硬。

8　调料随个人喜好添加，清淡些更能突出苋菜的清香。

 原料

苋菜 250 克，面粉 400 克，热水 210 克，红薯粉条 50 克，鸡蛋 2 个，虾皮 25 克，蒜、姜、盐、花生油适量，味精少许

做法

01
将约80℃的热水少量多次地浇在面粉上，用筷子搅成面絮。

02
将面絮揉成光滑的面团，盖上湿布醒发20分钟。

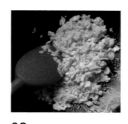

03
鸡蛋打散。起油锅，放入蛋液炒至成形，把鸡蛋铲碎，晾凉。

04
姜和蒜切末。另起油锅，放入姜、蒜和虾皮，小火翻炒。

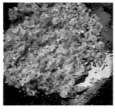

05
炒至香味飘出、姜和蒜微微发黄，关火。将苋菜洗净、沥干、切碎。

06
粉条煮至无硬芯，捞出过凉水，沥干，切碎。将所有制作馅料的原料混合。

07
取出面团，揉匀，分割成等大的剂子。

08
用花生油先把馅料拌一下，再加入盐和少许味精，拌匀。

09
剂子擀成较薄的长方形面皮，铺上馅料。

10
先将面皮的长边往中间折。

11
再将面皮的两端压紧，往上折。

12
锅烧热，倒少许油，苋菜卷收口朝下放入，盖上盖用中火煎至双面金黄。

鲜肉小饼

这款鲜肉小饼很适合做早餐。头一天晚上，可以把面团和肉馅准备好，粥用电饭煲提前预约好。早起先把粥盛出，晾着，然后取出面团，调好馅，将肉饼包好，放入平底锅里煎，手快的话10多分钟就可以轻松搞定。

Tips

1 选择带点儿肥肉的猪肉来制作馅料，吃起来更香。

2 和好的面团要盖上湿布醒一段时间，这样面团会变得柔软细腻，而且有一定的延展性。

3 用热水和面，要把面团的热气散尽，蘸凉水掇面（即手握拳，蘸水，然后挤压面团）就是一个散热气的好方法，否则口感粘牙。

4 肉馅不必剁得太碎，有颗粒的口感更好。

5 在步骤10中，用手掌轻轻地将面团压成饼状即可，不要太用力，以免挤出肉馅。

6 若肉饼太厚，担心内部不熟，两面煎黄以后，可以往锅里少加点儿热水，盖上锅盖继续煎，等到锅内吱吱响的时候，打开锅盖把肉饼的两面重新煎脆就行。

原料

面粉 400 克（可制作 8 个肉饼），猪肉（肥肉与瘦肉比例为 3∶7）300 克，开水 200 克，凉水 25 克，小葱 30 克，姜 15 克，料酒、生抽、盐、白胡椒粉、老抽、香油适量

 做法

01
面粉放入盆中，少量多次地倒入开水，同时用筷子搅成面絮。

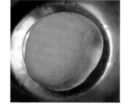

02
面絮凉到不烫手的时候，蘸凉水搋面。最后揉成光滑的面团，盖上保鲜膜，放在温暖处醒 20 分钟。

03
猪肉切丁，再剁碎，不必剁得太碎。葱切末，备用。

04
加入姜、白胡椒粉、盐、老抽、生抽、料酒和适量的水，搅打上劲。最后加入香油和葱，拌匀。

05
醒好的面团取出，揉匀。擀成厚薄均匀的长方形面皮。

06
把肉馅分成 4 行均匀摊在面皮上。

07
用刀划开面皮。

08
把带肉馅的面皮分别卷起。

09
两头捏紧收口，卷在下方。

10
静置 10 分钟，手掌均匀用力将面团压成饼状。

11
平底锅里倒少许油，烧热。放入饼坯，盖上锅盖，用中火煎。

12
一面煎黄后翻面，双面都煎至金黄即可。

妈妈亲手
制作的美味

花生糖火烧

看到这黄灿灿、膨松松的烧饼，用不着品尝，只要闻一闻香味，就
会被深深吸引！

原料

面粉 500 克，酵母 4 克，水约 250 克，花生 250 克，糖 80 克

 做法

01
用小火把花生炒熟，
晾凉。

02
用擀面杖擀碎花生。

03
花生碎中加入适量糖
和面粉，拌匀。

04
酵母用温水化开，静
置 3 分钟，加入剩余
的面粉和糖，分次加
水，揉成光滑的面团，
盖上保鲜膜，放在温
暖处醒发。

05
待面团的体积变为原
来的 2 倍时，取出，
揉匀，排气。

06
分成等大的剂子，擀
成厚薄均匀的面皮。

07
包入馅料，捏紧收口
即可。

08
擀成饼状，盖上湿布
进行二次醒发。

09
将火烧坯放入厚平底
锅中，盖上锅盖，用
小火烙。

10
底面变黄后翻面，盖
上盖继续烙，火烧双
面金黄时取出。

 Tips

1 面团和软一些，烙出的火烧外酥里
软且筋道。

2 烙火烧的过程中，可分次沿锅边淋
点儿油进锅，这样烙出的火烧颜色
金黄，吃起来更香。

3 步骤 10 之后，可以把火烧竖在锅
内，一边滚动一边烙，直至边缘金
黄时取出。

亚麻红糖馅饼

　　亚麻籽的补脑功效无须多言。但它一定要经过研磨才能达到最佳效果。用亚麻籽粉和红糖搭配做一款发面小馅饼。咬一口，外脆里软，香甜可口。想要早晨吃的话，可以在头一天晚上把面团揉好，用保鲜袋密封放入冰箱冷藏。这样早晨制作馅饼就方便多了。

Tips

1　亚麻籽粉可以用芝麻粉、熟花生碎或其他干果碎代替。

2　包入馅料后，收口一定要捏紧，否则易露馅。

3　烙饼的时候盖上锅盖，这样一是熟得快，二是水分不容易蒸发，饼的口感好。

4　饼坯放入锅中后，两两之间要留有空隙，否则受热后饼坯会膨胀，容易粘连。

原料

面粉 300 克，鸡蛋 1 个，水约 75 克，熟亚麻籽粉 50 克，红糖 10 克

 做法

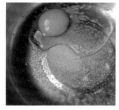

01
酵母用温水化开，加入鸡蛋。

02
用筷子搅匀，静置 3 分钟。

03
加入大部分面粉。一点点地加水，用筷子搅成面絮。

04
将面絮揉成光滑的面团，盖上保鲜膜，放在温暖处醒发。

05
将亚麻籽粉，红糖和剩下的少许面粉放入碗中。

06
搅拌均匀。

07
面团醒发至体积为原来的 2 倍时，取出。

08
揉匀，排气，分成等大的剂子。

09
擀成厚薄均匀的面皮。包入馅料。

10
捏紧收口，收口朝下放置，摁平。盖上湿布进行二次醒发，饼坯变得膨松即可。

11
锅内稍微抹一点儿油，放入饼坯，盖上锅盖，用中小火煎。

12
底面煎黄后翻面，盖上锅盖继续煎。两面都煎成金黄色即可。

黄金泡泡饼

这款泡泡饼制作简单，却获得无数好评，很多妈妈一次就制作成功了，并且孩子也非常爱吃。

原料

面粉 500 克，水约 210 克，鸡蛋 1 个，糖 20 克，酵母 5 克

 做法

01
酵母用温水化开，静置 2 分钟。加入鸡蛋和糖，搅匀。

02
加入面粉，一点点地加水，一边加一边用筷子搅成面絮。

03
将面絮揉成光滑的、稍软的面团，放在温暖处醒发。

04
待面团的体积变为原来的 2 倍，取出，揉匀，排气。

05
分成等大的剂子。

06
再次揉匀，擀成厚薄均匀的面饼，再次醒发至膨松、轻盈。

07
起油锅，油烧至七八成热后，放入饼坯，用中小火炸。

08
饼会迅速鼓起，待底面炸至金黄时，翻面，炸至双面金黄，取出，控油。

 Tips

1 面粉中可以添加少量杂粮粉、牛奶、鸡蛋和糖。

2 制作泡泡饼的面团比制作馒头的面团稍软即可。饼坯不要太厚，否则不容易炸透。

3 油一定要烧热后再放饼坯，若油温太低，饼坯下锅后不能迅速膨胀；若油温太高，饼外层易煳而内部不熟。因此，油温七八成热为宜。

4 面饼膨胀后，注意别把气泡给弄破，否则饼内进油，吃起来油腻。

5 面饼可以一次多炸点儿，凉透后装进密闭的保鲜袋内，第二次吃的时候，用蒸锅稍微一蒸，又软又香。

6 和面时可以加入南瓜泥或紫薯泥，做出的泡泡饼营养更丰富。

7 食用时可以将泡泡饼切开，夹入菜或肉。也可以在饼坯里加入糖、豆沙、莲蓉等馅料，然后下锅炸，这样做出的饼味道更丰富。

让孩子吃完
还惦记

椒盐葱油饼

葱油饼是老少皆宜的一种面食。面食有健脾养胃的功效，发面食品更容易被消化和吸收，所以可以多选择发面食品给孩子做主食。

Tips

① 发面饼不要做得太薄，否则口感不暄腾。面饼整形后，用手掌压平比用擀面杖擀更容易分层。烙发面饼时无须等锅烧热，锅内抹上薄薄的一层油，直接放入饼坯即可。

② 饼坯必须进行二次醒发，这样烙出的发面饼口感才好。醒发时长视季节和室温而定。室温高，醒发用时短；室温低，醒发用时相对长。

③ 烙发面饼最好选用厚实的平底锅（用电饼铛也可以），全程用中小火，效果最佳。火若是太大，饼皮容易煳，内部却还没熟透。

④ 烙饼时要盖锅盖，一是保温，便于内部熟透；二是保留锅内的蒸汽，饼皮不硬。若是两面煎黄后，怕内部没熟透，最好的方法就是淋一点点热水进锅，水收干后再把饼皮煎脆即可，也可以将饼移到烤箱内，再次烘烤。

⑤ 可以往五香粉、孜然粉、辣椒粉中加盐来代替椒盐，也可以用辣酱来代替椒盐。

原料

面粉 200 克，酵母 2 克，水约 100 克，小葱、花生油、椒盐适量

 做法

01
按照第 119 页步骤 01 制作面团，盖上保鲜膜，放在温暖处醒发。

02
待面团的体积变为原来的 2 倍时，取出，揉匀，排气。擀成椭圆形薄面皮。

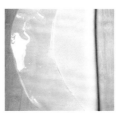

03
葱切碎。在面皮上均匀抹上一层花生油。

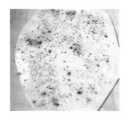

04
撒上一层椒盐。

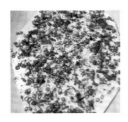

05
撒上一层葱花。

06
然后从长边处将面皮卷起。

07
然后盘起，捏紧收口，压在饼身下面。

08
用手掌把面饼压平、压薄，盖上湿布醒发 20 分钟左右。

09
在平底锅内抹上薄薄一层油，放入饼坯。

10
然后盖上锅盖，用中小火烙。

11
底面烙至金黄时，翻面，盖上锅盖，继续烙另一面。

12
烙至双面金黄即可。

鸡蛋葱花薄饼

随手打两个鸡蛋，加点儿面粉，倒点儿水将面糊搅匀，撒上点儿葱花，往热锅里舀上一勺，摊成薄饼，小火将两面烙熟，热乎乎、香喷喷的鸡蛋葱花薄饼就做成了。再配上一碗粥或者一杯奶，这份早餐也不算太凑合。

Tips

① 蛋液中加入面粉之后，面粉会形成颗粒，静置一会儿再搅匀就好了。

② 也可以用韭菜或者其他蔬菜碎代替葱花，但是蔬菜不能添加太多，否则转动锅身时，面糊不易流动。

③ 烙饼用的油不宜太多，薄薄一层即可，否则面糊不容易附着在锅底。

④ 饼上起泡后即可出锅，否则鸡蛋薄饼会失去软嫩的口感，变得发硬。

原料

鸡蛋 2 个，面粉 40 克，水 45 克，小葱 1 棵，盐适量

 做法

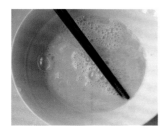

01
鸡蛋打散，加入水，搅匀。

02
加入面粉，搅匀。

03
葱切碎。

04
将葱碎加入面糊中，稍微加点儿盐，搅匀。

05
将平底锅烧热，转小火，倒入少许油。

06
舀一勺面糊，倒进锅中央。

07
迅速提起锅转动，使面糊均匀分布在锅底。

08
用小火煎，待饼由白变黄，边缘翘起，迅速翻面。

09
翻面后仔细观察，若饼上凸起些泡泡，马上铲出。

全能营养
早餐饼

土豆鸡蛋饼

这个饼好做又营养。不用发面，不用油炸，用土豆丝、鸡蛋、面粉、盐和葱制成面糊，放入平底锅里烙一下就成。

Tips

1 饼摊得越薄，熟得越快，煎得越脆，吃起来越香。

2 在步骤 11 中，面糊没有完全凝固时不要急于将饼翻面，否则容易将饼弄破。

3 烙饼时油不要一次倒太多，看情况一点点地沿锅边淋入，这样做出的土豆饼着色均匀，口感醇香。

原料

土豆 4 个，面粉 150 克，鸡蛋 2 个，小葱 4 棵，盐适量

 做法

01
土豆洗净，去皮，擦丝。葱切碎。

02
土豆丝洗去淀粉，沥干，放入盆中。

03
加入适量的盐，搅拌均匀。

04
待土豆丝稍稍变软之后，打入鸡蛋，加入葱花。

05
搅拌均匀。

06
加入面粉。

07
继续搅拌均匀。

08
平底锅烧热，倒入少许油，提起锅转动，让油布满锅底。

09
油热后，放入面糊。

10
迅速用铲子的底部将面糊摊平、压薄。

11
转成小火慢慢烙，底部上色后翻面。用铲子底部将另一面压薄，然后，沿锅边淋入少许油。

12
饼的两面都烙成金黄色后，切片，装盘。

亦菜亦饭，
外脆里嫩

西葫芦鸡蛋饼

西葫芦鸡蛋饼，金黄中透着翠绿，外酥里嫩，既有菜，又有面，蘸上一点儿酱油蒜泥汁，配上一碗粥，简简单单，可是吃起来就是舒坦、满足。

Tips

1 西葫芦也可以不提前腌，不挤去水分，直接用来制作面糊。但那样的话西葫芦中的水会渗出来，使面糊变得很稀。

2 将饼翻面后，可以视情况沿锅边淋点儿油，这样烙出的饼会更香。

原料

西葫芦（茭瓜）1个，小葱2棵，鸡蛋2个，面粉100克，盐适量

 做法

01
西葫芦擦丝。

02
用盐拌匀，腌5分钟。

03
西葫芦挤去水分，剁碎。葱切碎。

04
鸡蛋放入碗中，打散。加入西葫芦、葱花和面粉。

05
搅拌均匀。

06
平底锅内薄薄地刷一层油。

07
油热后放入面糊，迅速把面糊摊薄、摊匀。

08
小火煎，面饼变色并煎出香味后翻面。

09
继续煎至双面金黄，出锅。

Tips

① 新鲜的银鱼都很干净，不用清洗，挑拣一下即可。

② 尽量把饼摊薄、摊匀，这样容易煎熟。

③ 油要比炒菜时多倒一些，这样饼上色快，而且味道更香。

高钙高蛋白
的鲜香小饼

银鱼鸡蛋饼

 原料

新鲜银鱼 500 克，鸡蛋 3 个，大葱 2 棵，面粉、盐、味精适量

 做法

01 葱切末。银鱼放入碗中。

02 放入鸡蛋，倒入面粉，加入盐和味精。

03 搅拌均匀后，加入葱末。

04 继续搅拌均匀，制成面糊。

05 平底锅烧热，倒入少许油，放入一大勺面糊。

06 用勺子底将面糊摊匀、摊薄，用小火慢慢煎。

07 待银鱼颜色变白，饼身成形，翻面，双面煎黄即可出锅。

Chapter 7

一锅出

菜、肉、饭三合一

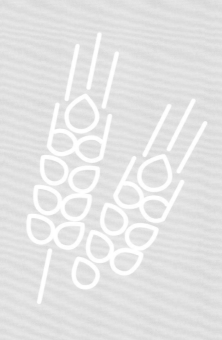

爆锅蘑菇油菜面

孩子的晚餐要以清淡、有营养、易消化的食物为主，以免给肠胃带来负担或引起身体不适。这道蘑菇油菜面，包含了肉、蛋、菜和面，主食、菜、汤三合一，营养全面，味道鲜美。这碗面热热乎乎，汤汤水水，吃着舒服、暖胃。

Tips
1 榆黄菇可以用其他蘑菇代替。
2 鲜面可以用挂面、方便面、馄饨、面片或者面疙瘩代替。
3 蔬菜可以任选自己喜欢的品种。
4 选择稍微带点儿肥肉的猪肉，煸炒出香味，做出的汤面比用纯瘦肉做成的更鲜香。

 原料

榆黄菇 150 克，猪肉 80 克，土鸡蛋 1 个，油菜 1 把，手擀鸡蛋面 500 克，姜、洋葱、盐、糖、红烧酱油适量

做法

01

榆黄菇撕成小朵，放入开水中焯至变色，捞出过凉水，挤去水分。油菜洗净，切分茎叶。

02

鸡蛋打散。姜和洋葱切碎。猪肉切片。起油锅，放入猪肉，煸炒出香味。

03

放入姜和洋葱，炒出香味。

04

放入油菜茎和榆黄菇煸炒。

05

倒入一点儿红烧酱油，炒香。

06

倒入适量热水，煮开。

07

鸡蛋面抖开，放入锅中，中火煮开。

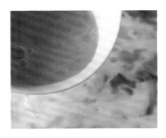

08

加入盐和一点点糖调味，淋入蛋液，用勺子抄底推匀。

09

放入油菜叶，搅匀，烧开，即可出锅。

葱油海米清汤面

懒得去买菜的时候，做一碗清汤面吃也是不错的选择。葱和姜煸炒出香味，再抓一小把海米扔进锅里，倒入适量热水，葱、姜和海米的鲜香味，顿时弥漫在空气中。出锅时，若是喜欢葱花、香菜就撒点儿，没有也可以。清清亮亮的汤，清清爽爽的面，大人、孩子都吃得过瘾！

Tips

① 没有红葱头，用洋葱或者小香葱也可以。

② 葱、姜煸炒至微黄、卷曲，香味释放才充分。

③ 提前将海米煸炒一下，鲜香味更浓郁。

④ 不喜欢吃荷包蛋，可以淋入蛋液。

⑤ 整蛋打入锅中以后，不要马上去搅动，等鸡蛋凝固成形，再用勺子推动。

⑥ 煮面条的时间要根据实际情况决定，煮至面条无硬芯即可。

⑦ 直接把面条放入卤汁里煮也可以。

原料

银丝挂面 200 克，海米 20 克，鸡蛋 2 个，小个红葱头 6 个，姜 1 块，小葱 1 棵（可选），香菜（可选）、盐、白胡椒粉适量

做法

01

姜切丝，红葱头切片。葱和香菜切碎。

02

起油锅，油热后，放入姜、葱头和海米，小火煸炒。

03

倒入热水，煮开。

04

打入 2 个整蛋，用盐和白胡椒粉调味即可。

05

起锅前撒入葱花或香菜，不喜欢的可以省略。

06

做卤的同时，用另一口锅煮面，水开后放入面条，中火煮开，点凉水，继续煮。

07

面条煮至无硬芯后，马上捞出，过凉开水，沥干，盛入碗中。

08

浇上刚出锅的卤即可。

养眼养胃
还养人

西红柿疙瘩汤

往面粉中加点儿水，搅成面疙瘩，放入西红柿汤中煮熟，鲜亮亮、热腾腾的西红柿疙瘩汤就做好了。喝上一口，酸酸爽爽、舒舒服服，既暖胃，又暖身，还暖心。

Tips

① 西红柿尽量选择熟透的、饱满的，这样的西红柿汁水丰盈，做出的汤汁味道浓郁。

② 搅面疙瘩时，要一点点地加水，无论采用哪种手法，只要搅出的面疙瘩较小、不粘连就行。若面疙瘩太大，可以放在面板上切碎再下锅。

③ 西红柿一定要先炒出足够的汁再加水，这样汤汁味道才浓郁。

④ 面疙瘩下锅后要马上搅动，否则易粘连、结块。

⑤ 蛋液下锅后，立刻抄底搅动，浮起的蛋花才会轻盈漂亮。

⑥ 喜欢吃块状西红柿的，最后可以加入一些西红柿块。

 原料

面粉 200 克，西红柿 2 个，鸡蛋 2 个，小葱、蒜、姜、香菜、味精、盐、水适量

做法

01
西红柿切块，鸡蛋打散，葱和香菜切碎，姜和蒜切末。

02
往面粉中一点点地加水，同时用筷子搅拌，并沿碗边将面粉都搓成小面疙瘩。

03
起油锅，爆香姜和蒜。

04
放入 2/3 的西红柿块，大火翻炒至西红柿软烂。

05
倒入适量热水，大火烧开。

06
用筷子将面疙瘩分次拨入锅中，马上用勺子在锅底搅动，避免粘连。

07
煮开后，加入盐和剩余的西红柿块，煮开。倒入蛋液，抄底搅动，待蛋花浮起，放入味精、葱花和香菜，关火。

加虾米的补钙版疙瘩汤

茼蒿虾米疙瘩汤

西红柿疙瘩汤我们经常吃，给孩子做疙瘩汤的话，可以放入茼蒿和虾米，做一锅荤素搭配的疙瘩汤，吃起来鲜香、热乎，还能补钙。

Tips

1 虾米提前用油爆一下，鲜香味更浓。

2 做面疙瘩时，要一点点地加水，同时不停地搅拌，而且一定要加凉水，这样面疙瘩才会做得又小又细，入锅即熟，若面疙瘩太大，入锅之前可以先用刀切碎。

3 面疙瘩要分次拨入锅中，不能一下子倒入锅里，而且下锅后要马上搅动，以免粘连。

4 面疙瘩可以换成面条、面豆儿、面片、馄饨等。虾米也可以换成蛤蜊、干贝或者虾仁等。不喜欢海鲜的可以用一点点五花肉爆香。茼蒿也可以换成菠菜、油菜、生菜等绿叶菜。

原料

茼蒿 1 把，虾米 20 克，面粉 100 克，鸡蛋 2 个，小葱 2 棵，姜 1 块，盐、水适量

 做法

01
按照第 155 页步骤 02 制作面疙瘩。

02
茼蒿洗净，沥干，切段。葱和姜切碎。鸡蛋打散。

03
起油锅，爆香虾米。

04
加入姜末和一部分葱花，煸出香味。

05
加入茼蒿梗煸炒。

06
倒入热水，烧开，用筷子把面疙瘩分次拨入锅中，一边拨，一边搅拌。

07
开锅后用小火煮一会儿，煮至面疙瘩无硬芯，倒入蛋液。

08
加入茼蒿叶和剩余的葱花，用盐调味，茼蒿叶变软即可。

不加一滴水
的西红柿卤

西红柿鸡蛋手擀面

熟透的西红柿本来汁就多，翻炒后西红柿全部化成了汁，加入炒鸡蛋翻炒均匀，只用盐、糖和白胡椒粉调味，西红柿鸡蛋卤就做好了。制作过程中不用加入一滴水，做好的卤酸甜爽口，果香浓郁，好吃极了。

Tips

① 要选择熟透的西红柿，熬出浓汁，这样做出的卤味道浓郁、纯正。

② 蒜末下锅以后，不要马上放入西红柿，要充分煸炒出蒜香再放，这样做出的卤蒜香味更浓郁。

③ 蛋液定型即可盛出，不要将鸡蛋炒老了，因为后面还要继续加热。

原料

手擀面300克，熟透的西红柿500克，鸡蛋3个，蒜4瓣，香菜1棵（可选），盐、糖、白胡椒粉适量

做法

01
西红柿用开水烫一下。

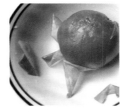

02
将烫过的西红柿剥皮。

03
将西红柿切成块。

04
鸡蛋打散，炒至成形，盛出。

05
香菜和蒜切碎。利用锅内底油，爆香蒜末。

06
蒜香浓郁时，加入西红柿，大火煸炒。

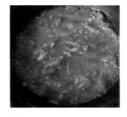

07
一边炒，一边用铲子把西红柿切碎，直至熬成一锅浓汁。

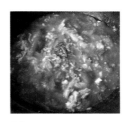

08
加入鸡蛋，用铲子切碎。加入盐、糖和白胡椒粉，撒上香菜。

09
用另一口锅煮面，水开后放入手擀面，煮开后点凉水，再次煮开后捞出，过凉开水，沥干。

10
把做好的卤浇在面条上，拌匀。

豆角焖面

夏天最适合吃豆角焖面，因为夏天的豆角是露天生长的，营养丰富味道好。若是喜欢，炒豆角的时候可以加上点儿五花肉。菜上面铺一层新鲜的刀切面，小火焖熟，吃起来滋味十足。

Tips

1 面条要选鲜切面，而且要选硬一点的，太软的面条不适宜做焖面。

2 选择带点儿肥肉的猪肉，做出的豆角焖面会更香。

3 芸豆一定要煸炒至变色后，再倒入热水，要不然味道不好。

4 面条入锅时要抖开，松散地均匀平铺在芸豆上面，不能一放一整团。

5 把汤汁舀出来，分两次添加，一是为了不让面条在汤里面煮烂，二是为了让面条充分入味。

6 将汤汁浇在面条上之后，可以用筷子把面条翻动一下，使其均匀入味，但动作要轻柔，别把面条搅烂了。

7 面条入锅以后，一定要用小火加热，面条是焖熟的而不是煮熟的。

8 五花肉可以换成肋排，原料里可以加入茄子和辣椒。若是做打卤面的话，用鸡蛋或者蛤蜊肉与芸豆搭配做卤，也很好吃。

原料

芸豆 400 克，猪肉 250 克（肥肉和瘦肉的比例为 3 : 7），鲜切面条 500 克，大葱、姜、蒜（可选）、料酒、老抽、盐、生抽、香油、干红辣椒适量

 做法

01
芸豆洗净，去筋。猪肉切片。葱、姜和蒜切末。

02
起油锅，放入猪肉，煸出香味。

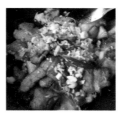

03
待肥肉出油后，加入葱末、姜末和干红辣椒，爆香。

04
加入芸豆，大火煸炒至变色，加入料酒、老抽和盐，翻炒均匀。

05
倒入适量热水，大火煮开，转中火慢炖。

06
炖至芸豆六成熟时，舀出大部分汁备用。

07
把面条均匀平铺在芸豆上面，盖上锅盖，焖一小会儿。

08
浇上一半汁，盖上锅盖，转小火焖 5 分钟。

09
掀开锅盖，用筷子把面上下翻动一下。

10
浇上另一半汁，继续用小火焖。

11
待汁基本收尽，芸豆和面都熟透，倒入生抽和香油，拌匀，撒上蒜末，拌匀。

羊肉白萝卜水饺

羊肉和白萝卜堪称绝配。两者搭配制成馅料，既没有羊肉的膻味，又水润多汁、异常鲜美。羊肉温热补气，富含动物蛋白。萝卜性凉润燥，富含植物蛋白。这两样放在一起吃，寒热平衡，可达到最佳食疗功效。

Tips

① 制作馅料时也可以全部用羊肉，但加入一小部分猪肉可以减轻膻味，饺子的味道更好。

② 肉馅中适当添加肥肉，做出的饺子更香。

③ 白萝卜含水量高，肉馅中添加了白萝卜，就无须加水了。

④ 白萝卜和羊肉搭配制作的馅料营养好、味道棒，而且汁水多。

⑤ 香菜和小葱要细细地切碎，不要乱刀剁碎，否则味道就变了。

⑥ 拌馅时，最后添加葱和香菜，而且不要用力搅拌，动作要轻柔，这样才能保持最佳的口感和味道，不喜欢香菜的可以省略。

原料

面粉 500 克，水 250 克，白萝卜 1 个，羊肉和猪肉共 500 克（比例为 2：1），姜、小葱、香菜、白胡椒粉、花生油、盐、料酒、生抽适量

 做法

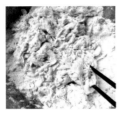

01
往面粉里少量多次地加水，一边加，一边用筷子搅成面絮。

02
将面絮揉成光滑的面团，盖上湿布醒半个小时。

03
把羊肉和猪肉先切丁，然后剁成馅。

04
姜先擦丝，再和肉馅混合，剁碎。

05
白萝卜洗净，擦丝。把白萝卜丝直接剁进肉馅里。

06
馅料剁到自己满意的程度为止。

07
将馅料放入盆中，加入白胡椒粉、油、盐、料酒和生抽，拌匀。

08
香菜和葱切碎，最后添加。

09
轻轻搅拌均匀。

10
取出醒好的面团，揉匀，分成等大的剂子，擀成厚薄均匀的饺子皮。

11
尽可能多地包入馅料，捏紧边缘。

12
锅中倒水，水开后放水饺，煮开后点三次凉水，最后一次煮开后，关火。

牛肉白菜水饺

　　如果肉馅饺子吃起来干巴巴的，那再好的食材和再丰富的调料也白搭。怎样才能制作出一咬一包汤的馅料？最讲究的方法是在肉馅中掺入肉冻。不过这种方法一般家庭很少用到，因为谁家也不会总备有肉冻。第二种方法是剁肉馅的时候，少量多次地加入水，水完全被肉馅吸收后再添加下一次；第三种方法是搅拌肉馅的时候，少量多次地加入水，水完全被肉馅吸收后再添加下一次；第四种方法就是在肉馅中添加白菜、洋葱、西红柿或者芹菜等水分大的蔬菜。制作这款牛肉白菜水饺时用的就是第四种方法。白菜和牛肉的味道混合在一起，鲜香可口，吃饺子时，先吸一口汤汁，再咬一口馅料，那鲜美的滋味，谁吃谁知道。

 原料

牛肉和猪肉共 500 克 (比例为 2 : 1)，白菜帮 4 片，面粉 500 克，水约 250 克，小葱、姜、香菜、花生油、盐、酱油、料酒、白胡椒粉适量

 做法

01
往面粉里少量多次地加水，一边加，一边用筷子搅成面絮。将面絮揉成光滑的面团，盖上湿布醒半小时。

02
牛肉和猪肉先切丁，然后剁碎。

03
白菜帮洗净，直接放在肉馅上，切碎。

04
然后将白菜和肉馅一起剁。

05
姜切碎。

06
姜放入肉馅中，一起剁，剁到自己满意的程度为止。

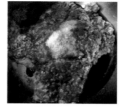

07
把肉馅放入盆中，加入油、盐、酱油、料酒和白胡椒粉。

08
按顺时针方向搅拌均匀，搅打上劲。

09
香菜和葱细细切碎。

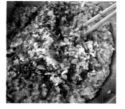

10
将香菜和葱加入调好的肉馅中。

11
轻轻搅拌均匀。

12
取出面团，揉匀，分成等大的剂子，搓圆。

13
把剂子压扁，擀成厚薄均匀的饺子皮。

14
包入馅料。

15
全部包好以后，就可以下锅煮了。

16
水开后放入水饺，用勺子沿一个方向推，免得饺子粘连。盖上盖，大火煮开，倒入半碗凉水，继续煮，煮开后，再次点凉水。第三次点凉水后，煮开，关火。

Tips

1 也可以全部用牛肉做馅，但加入小部分猪肉，可以减轻腥膻味。

2 肉馅中适量添加肥肉，做出的饺子更香。

3 肉馅中添加了水分充足的白菜帮，就无须加水了。

4 白菜帮和牛肉搭配制作的馅料营养好、味道棒，而且汁水多。

5 香菜和小葱要细细地切碎，不要乱刀剁碎，否则味道就变了。

6 拌馅时，最后添加葱和香菜，而且不要大力搅拌，动作要轻，这样才能保持最佳的味道和口感，不喜香菜的可省略。

7 可以用洋葱、香菇或者香芹代替白菜。

香而不腻
回味无穷

酸菜猪肉水饺

有些食材搭配在一起，那真是天生的一对，比如酸菜和猪肉。猪肉要选择带一点儿肥肉的，这样做出的饺子吃起来香而不腻，鲜美可口。当然，前提是您得吃得惯酸菜的味道。

Tips

① 酸白菜要先洗一遍，切碎后再洗一遍，若是不喜欢太酸，可以适当浸泡一会儿，去除部分酸味。

② 处理过的酸菜一定要挤去水分再和肉馅混合，这样酸菜会更入味，而且口感更加爽脆。

③ 酸菜喜油，制作馅料时要选择略带肥肉的猪肉，这样做出的饺子比用纯瘦肉做出的饺子味道好。

④ 三点三开指饺子煮开之后，马上倒入半碗凉水，然后盖上盖继续煮，煮开后再次倒入半碗凉水，继续煮。一共往锅里倒三次凉水，煮开三次。无论什么馅料的饺子，无论多大的饺子，三点三开之后马上捞出，准保煮熟，并且火候刚好。

 原料

酸白菜半棵，猪肉 500 克（肥肉和瘦肉的比例为 3：7），面粉 500 克，水约 250 克，大葱、姜、花椒、料酒、生抽、花生油、盐、香油适量

 做法

01
往面粉中少量多次地加水，揉成光滑的面团，盖上保鲜膜醒半小时。

02
酸白菜洗净，沥干，切末。

03
再次清洗酸白菜，并用水浸泡一小会儿。

04
挤去水分，备用。

05
葱和姜切末。花椒冲洗后，用温水浸泡，制成花椒水。

06
猪肉剁成肉馅，加入葱、姜、料酒、花椒水和生抽，搅匀。

07
将酸白菜放入肉馅中，添加油、盐和香油调味。

08
取出面团，揉匀，分成等大的剂子。

09
擀成四周薄、中间厚的饺子皮。

10
包入馅料。

11
锅中倒入适量水，烧开，放入饺子，大火煮开，点三次凉水，最后一次煮开后关火。

营养全
味道好

玉米炒饭

　　用新鲜的水果玉米来制作炒饭非常值得一试。水果玉米很容易熟，放入锅里煸炒一会儿即可，省时省力，味道却远胜于冰鲜玉米或者熟玉米。炒饭中可以加入香肠、鸡蛋和蔬菜，营养全面味道好，最适合当作早餐。

Tips

① 制作炒饭时，用隔夜的剩米饭比用热米饭效果好，用较干的剩米饭比用较湿的剩米饭效果好。

② 倒入蛋液后要迅速翻炒，使蛋液均匀包裹住玉米粒。

③ 因为香肠有咸味，所以要酌情添加盐。

④ 水果玉米很容易熟，若用普通玉米，需要提前煮熟。

 原料

剩米饭1碗，水果玉米半穗，小个香肠6根，鸡蛋1个，鲍芹2根，蒜2瓣，盐、糖适量

做法

01
将玉米粒切下来，鲍芹和香肠切小块，蒜切末。

02
鸡蛋打散。

03
起油锅，油温热时放入蒜末，小火炒出蒜香。

04
加入玉米粒和香肠，翻炒1分钟。

05
加入剩米饭，用铲子迅速把米饭滑散，不停翻炒。

06
翻炒2分钟后加入鲍芹粒，翻炒均匀。

07
倒入蛋液，迅速翻炒均匀，待蛋液凝固，均匀包裹在米粒上即可关火。

08
起锅前用盐和一点点糖调味。因为香肠有咸味，所以要酌情添加盐。

腊肠煲仔饭

　　腊肠味美，但脂肪和盐的含量过高。怎么吃腊肠最健康？腊肠煲仔饭是一个不错的选择。随着锅内温度的升高，腊肠中的油脂以及香味会渗入米饭中，而米饭吸取了腊肠的精华后，会变得浓郁咸香、温润可口，再搭配一些蔬菜，吃起来真的是香味扑鼻、滋味悠长。

Tips

① 大米一定要提前浸泡，这样熟得快，不会出现夹生现象。

② 煮米饭时，水开后马上转小火，这样可以避免溢锅和煳锅。

③ 喜欢吃锅巴的，可以适当延长焖煮米饭的时间。

④ 西蓝花可以用芥蓝、小油菜、荷兰豆等代替，随自己的喜好而定即可。

⑤ 可以购买煲仔饭专用酱油当作调味汁，也可以用鲜酱油、糖和香油等调料自制调味汁。

⑥ 腊肠本身有咸味，所以要注意控制自制调味汁的咸度。

⑦ 关火后不要马上打开盖子，这样能使腊肠的香味进入米饭中。

⑧ 做煲仔饭最关键的就是掌握好火候，要避免夹生和煳锅，人不要离开，要勤观察。

 原料

大米 250 克，腊肠 4 根，西蓝花 300 克，鸡蛋 1 个，姜 1 小块，
蒸鱼豉油、糖、盐、花生油、香油适量

做法

01
大米洗净，提前浸泡
1 小时。

02
在砂锅底部薄薄地抹
一层油。

03
放入大米和水，米和
水的比例为 1∶1.5。

04
盖上锅盖，大火煮开
后立即转小火煮。

05
西蓝花洗净，掰小
块，用淡盐水浸泡一
会儿。

06
腊肠切薄片，姜切丝
备用。

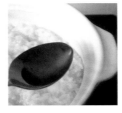

07
等锅内的水差不多都
被米吸收、米表面呈
现蜂窝状时，用筷子
搅一下，并沿锅边倒
入一些花生油。

08
在米饭上铺上腊肠和
姜丝，打入鸡蛋。

09
盖上锅盖，小火煮 5
分钟后关火，焖 15
分钟。

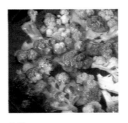

10
锅中倒入开水，放点
儿盐，滴几滴花生
油，放入西蓝花焯一
下，捞出沥干。

11
在蒸鱼豉油里加一点
儿糖和香油，拌匀，
调成汁。

12
待饭煮熟后，放上西
蓝花，将调好的汁淋
入即可。

营养全零负担

蛤蜊南瓜面片汤

面片汤有面有汤，吃到肚里，热热乎乎，舒舒服服。这碗面片汤里有新鲜蛤蜊、大白菜、鸡蛋、黑木耳、南瓜、面粉，可谓营养全面。在整个烹饪过程中，只在爆锅的时候加了一点点油，出锅的时候加了一点点盐。这不正符合少油、低脂、低盐的健康理念吗？就算贪嘴多吃了一碗，也不会影响身体健康。

面片原料

面粉 200 克，南瓜适量

面片做法

01

南瓜去皮，切大块，放入高压锅蒸 5 分钟。自然冷却后用筷子搅成泥，加入面粉一起搅拌，然后揉成硬一点儿的面团，盖上保鲜膜醒 20 分钟。

02

把面团充分揉匀，用擀面杖擀成厚薄均匀的薄面片。

03

将面片卷在擀面杖上。

04

用刀在擀面杖上竖划一道。

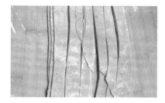

05

然后把面片纵切几刀。

06

最后斜切成菱形面片。

1 面团尽可能揉得硬一点儿，这样擀面和切面的时候容易操作，不容易粘连。

2 擀面时，撒点儿淀粉在案板上，爽滑还不粘连。

3 在步骤 03 中，先在面片上适当多撒些淀粉，抹匀，再将面片卷在擀面杖上，这样切好的面片即使叠在一起，也很容易抖开。

4 若切好的面片一次吃不完，可以摊开，稍微晾一下，然后装入保鲜袋内冷冻保存。也可以将面片全部晾干，常温保存。

面片汤原料

黑蛤蜊 300 克，鸡蛋 2 个，水发黑木耳 1 把，自制南瓜面片 150 克，大白菜、香菜、大葱、姜、油、盐适量

 面片汤做法

01
锅中倒入适量的水。黑蛤蜊洗净，放入锅中，煮开口后关火。

02
取出蛤蜊肉，汤保留。白菜切丁。香菜和葱切碎，姜切末，鸡蛋打散。

03
起油锅，油热后，加入姜末，炒出香味。

04
加入白菜，大火煸炒至软。

05
倒入蛤蜊汤，加入木耳，大火煮开。

06
放入面片，用勺子搅动，大火煮开后，转中火继续煮 1 分钟。

07
淋入鸡蛋液，待蛋花浮起，加入蛤蜊肉，搅匀，关火。

08
加入适量的盐调味，撒上葱和香菜即可。

 Tips

1 蛤蜊也可以不提前煮，直接放入面片汤中，但必须保证所用蛤蜊不含沙子。若提前煮蛤蜊，可以捞出蛤蜊，将汤静置一会儿，然后把沉淀的沙子去除。

2 蛤蜊肉最后入锅即可，否则蛤蜊肉容易煮老。

3 新鲜的蛤蜊原汤足够鲜美，除了盐，无须加入其他调料。

4 汤中最好不添加酱油，若添加酱油，一是会改变清澈的汤色，二是会改变贝类特有的鲜味。

Chapter 8

下饭菜

专治没胃口

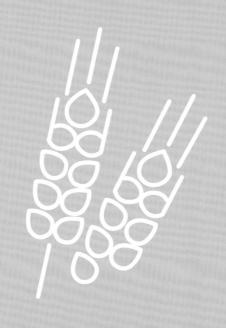

最开胃的
下饭菜

肉末雪里蕻炒黄豆

肉末雪里蕻炒黄豆独有一种质朴的原香，是一道看起来不起眼、吃起来绝对让人欲罢不能的下饭菜。

Tips

① 腌过的雪里蕻很咸，烹饪之前一定要反复清洗，去除大部分盐分。

② 雪里蕻本身是咸的，肉馅提前也腌过，所以炒的时候无须再加盐。

③ 雪里蕻喜油，炒菜时，油要比平常多放一些，或者选择带点儿肥肉的猪肉，这样煸炒之后会更香。

④ 雪里蕻炒之前要挤去水分，下锅后要充分煸炒，炒出香味后，再放调料，这样更容易入味。

⑤ 这道菜一次可以多做些，冷热食均可，下一次吃的时候蒸一下，味道更加鲜香浓郁。

原料

腌雪里蕻 200 克，水发黄豆 80 克，猪肉 100 克，葱白 1 段，八角 1 颗，姜 3 片，干红辣椒 6 个，料酒、生抽、老抽、花生油、香油、糖适量

 做法

01
锅中倒入适量的水，放入泡发的黄豆以及葱、姜和八角。

02
大火煮开后，转小火，继续煮 5 分钟，关火，捞出沥干。

03
猪肉剁成末，放入碗中。干红辣椒切段、葱和姜切末。

04
将料酒、生抽、老抽和一点儿花生油倒入肉末中，用手抓匀，腌 15 分钟。

05
雪里蕻用水反复清洗，挤去水分，切碎后继续浸泡。

06
雪里蕻的大部分咸味去除后，捞出，挤去水分。

07
起油锅，把肉末滑炒至变色后盛出。

08
用锅内底油爆香葱、姜和干红辣椒。

09
加入雪里蕻，大火煸炒出香味。

10
加入黄豆一起翻炒。添加料酒、生抽和糖调味，倒入少许热水，中火焖一会儿。

11
加入炒过的肉末。

12
继续大火翻炒至汤汁收干，起锅前倒点儿香油拌匀即可。

成功率超高，能鲜掉眉毛

上汤苋菜

用皮蛋和泡发的扇贝丁熬汤，再加入苋菜，这款上汤苋菜就做好了，尝一下，绝对鲜香爽口。

Tips

1 苋菜提前焯一下，最后放入锅中，是为了凸显苋菜的鲜嫩口感，焯苋菜要把握好时间，锅里的水要多加些，菜叶变色后马上捞出，以免太过软烂。

2 蒜必不可少，要提前把蒜煸至微黄并散发浓郁的蒜香，然后添加扇贝丁和皮蛋丁，这样汤才更加鲜美、醇厚。

3 苋菜可以用菠菜、豌豆苗、娃娃菜或者大白菜代替。

原料

皮蛋 2 个，干扇贝丁 1 小把，蒜 8 瓣，姜 1 块，苋菜半斤，盐、料酒适量

 做法

01
扇贝丁用流水洗净，用温水泡发至无硬芯。泡扇贝丁的水保留备用。

02
皮蛋去皮，切丁。

03
姜切丝，蒜切块或者拍扁。

04
扇贝丁用刀背摁压搓开，这样更容易出鲜味，若为了好看，可省略这一步。

05
苋菜去老茎，取顶部叶片，清洗之后焯至变色，马上捞出。

06
起油锅，爆香姜和蒜。

07
放入皮蛋丁和扇贝丁煸炒。

08
沿锅边倒入料酒，再倒入适量热水（或高汤）煮开，最后倒入泡扇贝丁的水。

09
煮开后转中火，加入苋菜叶，拨散。

10
尝一下汤的味道，用盐调味，煮开即可。

咖喱土豆鸡

　　咖喱能够促进唾液和胃液的分泌，增加胃肠蠕动，增进食欲，而且可以改善便秘，有益于肠道健康。孩子如果食欲不振，妈妈不妨尝试一下用咖喱做饭，给他换一换口味。选择牛羊肉或鸡肉均可，也可以选择海鲜，再加入一些蔬菜，用咖喱调味，做成营养丰富、口味独特的咖喱饭，一定会让他食欲大开。

Tips

① 咖喱粉最好提前用少量冷水拌匀再下锅，直接下锅的话，容易形成颗粒。

② 咖喱粉的用量可根据自己的口味调整。

③ 咖喱下锅后，要时常搅动，以免粘锅或烧焦。

④ 可以选用整只鸡、也可以选用鸡腿、鸡翅根、鸡翅或鸡胸肉来做这道菜，搭配的蔬菜也可以自由选择。

⑤ 制作这道菜时可以倒入适量椰浆来减轻辣味、增加香气。

原料

鸡腿2个，土豆1个，胡萝卜半根，洋葱1个，咖喱粉2勺，青椒、盐适量

做法

01
鸡腿洗净，切块，焯一下，沥干备用。

02
土豆和胡萝卜切滚刀块，洋葱和青椒切片。

03
起油锅，油热后放入洋葱，炒出香味。

04
炒至洋葱呈透明状，加入鸡腿，大火翻炒，炒至水分收干，鸡腿表面微黄，加入土豆和胡萝卜，大火翻炒。

05
倒入热水，没过原料即可，大火煮开后转中火煮，锅内原料熟透时，添加适量的盐，继续煮5分钟。

06
咖喱粉中添加少量冷水，拌匀，制成咖喱汁。

07
将咖喱汁倒入锅中，搅匀，一边煮一边搅拌，以防粘锅底。

08
加入青椒，搅拌均匀，煮至锅内汤汁浓稠。

09
出锅，搭配米饭食用。

猪血豆腐熬白菜

将卤水豆腐（或冻豆腐）、猪血和大白菜放在一起，倒入些骨汤提味增香，小火慢炖，这样做出来的大锅菜，白菜软烂、咸甜适口，豆腐和猪血吸足了骨汤和白菜的精华，更是妙不可言。尤其在冬天，吃上一碗热腾腾、营养全、滋味浓的家常大锅菜，疲惫与寒冷瞬间烟消云散。

Tips

① 猪血提前浸泡，可以去除腥味。

② 豆腐提前用加了盐的开水焯一下，可以去除豆腥，而且不易碎。

③ 大白菜下锅以后，一定要用大火煸炒至软再放入其他原料，这样做出的菜味道更好。

原料

猪棒骨 500 克，大白菜半棵，豆腐 400 克，猪血 400 克，八角 1 颗，大葱、姜、香菜、盐、生抽适量

 做法

01
猪血切麻将块，放在凉水中浸泡一会儿。

02
豆腐切麻将块，在加盐的开水中煮至微微浮起，捞出，沥干。

03
白菜叶撕成片，白菜帮切成薄片。棒骨洗净，剁成小块。

04
锅中倒入适量的水，放入棒骨，大火煮开，继续煮约 5 分钟，去除血水。

05
捞出棒骨，用热水洗净。葱白切片，葱叶切碎。姜分别切丝和切片。香菜切碎。

06
高压锅中倒水，放入棒骨、姜片和部分葱白，大火煮至上汽，转小火煮 15 分钟，自然排气后取出。

07
起油锅，爆香姜丝、八角和剩余的葱白。

08
放入菜帮，大火翻炒，再放入菜叶，大火翻炒。

09
白菜变软后加入豆腐和猪血，大火煮开。

10
加入棒骨和骨汤，继续用大火煮。

11
用盐和生抽调味，转中火炖至白菜软烂。

12
撒上香菜和葱叶，翻炒均匀，出锅。

山药胡萝卜炖羊腿

寒冷的冬季，经常吃牛羊肉不仅可以御寒，还可以补充多种维生素和无机盐，使孩子在学习时精力更充沛。

Tips

1 炖羊肉的时长视情况而定，炖至羊肉软烂即可。

2 山药和胡萝卜不要与羊肉同时下锅，等羊肉基本炖熟再放入锅中，这样其口感和品相才好。

3 山药去皮后要马上浸泡在水中，否则易氧化变色。

4 若选择草原羊，只用盐调味，味道就足够鲜美，若用普通的羊肉，可酌情添加其他调料。

5 羊腿可以用羊肉、羊排、五花肉、猪排或者牛腩、牛尾等代替。山药可以换成土豆，还可以添加西红柿、香芹、洋葱等蔬菜。

原料

羊腿 1 条，胡萝卜 2 根，铁棍山药 2 根，大葱、姜、料酒、盐适量

 做法

01

羊腿处理干净，剁成大块。

02

山药、胡萝卜切滚刀块。葱切段，姜切片。

03

锅中倒入适量的水，放入羊腿，大火煮开，继续煮 5 分钟，去除血水和杂质。

04

捞出羊腿，用热水洗净，然后沥干。

05

锅洗净，放入羊腿，倒入适量热水，没过羊腿即可。添加葱、姜，大火煮开。

06

倒入料酒，转中火炖。

07

羊肉七成熟的时候加入山药和胡萝卜，继续用中火炖。

08

炖至锅内原料熟透，然后用盐调味。

09

用小火煨 5 分钟，关火。

原料丰富
汤鲜味美

萝卜海带炖排骨

这种大锅炖菜的做法其实很简单。把食材准备好、处理好，放进锅里一起炖就行。出锅后搭配一碗米饭，就能让孩子吃得心满意足。

Tips

① 新鲜的海带用开水焯一下，更容易清洗。

② 洗过的海带用清水浸泡 2~3 小时，中间换水 2 次，这样更有利于健康。

③ 翻炒萝卜条时不要盖锅盖，多炒一会儿，有利于其气味的散发，做出的菜味道更好。

原料

新鲜海带 1 根，青萝卜 2 个，卤水豆腐 300 克，大葱、姜、干红辣椒、八角、香菜、料酒、盐、生抽适量

做法

01
新鲜海带放入开水中焯一下。

02
焯至颜色变绿，捞出，用流水洗净。放入水中浸泡 2 小时，中间换水 2 次。

03
排骨剁成小块。锅中倒入适量的水，放入排骨，煮开后，继续煮 5 分钟。

04
捞出排骨，用热水洗净，沥干。姜切片，一部分葱切段。

05
排骨放入高压锅中，加入料酒、八角、葱段、姜片、盐和适量的热水。

06
炖至上汽后继续用中火加热 5 分钟，关火，自然排气后盛出排骨和汤备用。

07
萝卜和海带切条，豆腐切麻将块，姜切丝，干红辣椒和香菜切碎，剩余的葱切圈。

08
起油锅，爆香葱圈、姜丝和干红辣椒。

09
放入萝卜条，大火爆炒，炒至萝卜条变色变软。

10
放入海带、豆腐、排骨和汤，汤没过排骨即可，大火煮开。

11
转小火，炖至萝卜条绵软，然后用盐和生抽调味。

12
撒上香菜，关火。

名不虚传的
下饭菜

麻婆豆腐

麻婆豆腐是一道老少皆宜的经典川菜，在家制作麻婆豆腐，可能味道不太正宗，但只要原料讲究，手法得当，麻辣鲜香的滋味照样能一举俘获孩子的心。

Tips

① 提前用加了盐的开水把豆腐焯一下，可以去除豆腥味，而且豆腐不易碎，口感还嫩。但不可久煮，豆腐浮起即可捞出。

② 牛肉带点儿肥肉会更香。

③ 牛肉一定要用中小火煸炒至出油再放入其他调料。

④ 煸炒郫县豆瓣酱和辣椒面的时候要用小火，既要炒出香味和红油，还要注意不要煳锅。

⑤ 倒的油要比炒其他菜时多些。

⑥ 盐要酌情添加，因为豆瓣酱有一定的咸度。

⑦ 酱油不要倒太多，免得影响色泽。

⑧ 现焙现磨的花椒面必不可少，花椒用料理机打碎或用蒜臼捣碎都可以。

原料

嫩豆腐 600 克，牛肉 250 克，郫县豆瓣酱 2 勺，辣椒面、花椒、大葱、姜、蒜、盐、糖、酱油、料酒、淀粉适量

 做法

01
葱、姜、蒜和郫县豆瓣酱切碎，牛肉切丁。

02
花椒放入锅中，小火焙至棕红色，取出，擀成面。

03
豆腐切小块，放入加了盐的开水中焯至浮起，捞出，沥干。

04
起油锅，油烧热后放入牛肉，煸炒至酥香吐油。

05
放入郫县豆瓣酱和辣椒面，小火煸炒至红油尽出并散发出香味。

06
放入葱、姜和蒜，继续小火煸炒。

07
添加盐、糖、酱油和料酒，倒入一点儿热水，烧开。

08
加入豆腐，烧开后中火收汁。

09
往淀粉里倒点儿水，制成水淀粉，倒入锅中，搅匀。

10
撒上葱花和花椒面。

不但下饭
还能宴客

四喜丸子

四喜丸子是北方宴席的必备主打菜。在家自制四喜丸子，选料讲究，精工细作，口味也可以依据自己的喜好而定。孩子每次都吃得津津有味，比平常多吃半碗饭。我这次共炸了 16 个丸子，一次炖了 4 个，其余的晾凉之后放入冰箱，随用随取，很方便。

Tips

① 手工剁的比机器搅的肉馅口感要好。选择带点儿肥肉的猪肉比用纯瘦肉口感更香嫩，也可以根据自己的喜好适当调整肥肉和瘦肉的比例。

② 肉馅讲究细切粗剁，不要剁成肉糜。

③ 荸荠能起到解腻增鲜的作用，可以用藕、香菇或冬笋等代替。

④ 搅拌肉馅时，水要一点点地添加，并沿一个方向搅拌上劲。

⑤ 团丸子时，手掌上先抹油，这样不容易粘手，更易于操作。

⑥ 丸子团好后，要不停地用双手来回摔打，这样可以使丸子更紧实。

⑦ 油热后再放入丸子，这样丸子才容易定型。

原料

猪肉 800 克（肥肉和瘦肉的比例为 3∶7），豆腐 100 克，荸荠 12 个，鸡蛋 1 个，大葱、姜、淀粉、生抽、老抽、白胡椒粉、料酒、盐、糖、油菜、花生油适量

做法

01
肥、瘦肉分别切丁。

02
瘦肉粗粗地剁成肉末。

03
荸荠洗净，去皮切丁。

04
豆腐用勺子压成泥。

05
葱和姜各取一部分切末。鸡蛋打散。

06
以上原料混合，加入蛋液、生抽、料酒、盐、糖和大部分淀粉。

07
搅拌均匀，分次添加少量水，并沿一个方向搅拌上劲。

08
手掌抹油，取适量肉馅团成团，用双手来回摔打多次。

09
剩余的葱切圈，姜切丝。锅内倒油，大火烧至油七成热时放入丸子。

10
转中小火炸至丸子定型、表面金黄后捞出。油菜放入加了盐的开水中焯一下。少量淀粉中加水，制成水淀粉。

11
砂锅中放入葱圈、姜丝、生抽、老抽、胡椒粉、盐和糖，倒入适量热水，大火煮开后，放入丸子，煮开后转小火慢炖。

12
汤汁收至过半，捞出葱、姜扔掉。倒入水淀粉，大火勾芡，关火。取出丸子放在盘中间，周围放上油菜，浇上汤汁。

Tips

① 猪肉选择带点儿肥肉的，炒出来的菜会更香。

② 酸豇豆要是太酸、太咸，需要提前清洗或浸泡。

③ 因为酸豇豆是咸的，肉丁也提前腌过，所以炒菜时无须再添加盐。

④ 酸豇豆下锅后，要用中火煸炒，酸香味才会浓郁、纯正。

孩子喜欢的
下饭菜

酸豇豆炒肉末

 原料

自制酸豇豆 1 把，猪肉 200 克，蒜 3 瓣，泡椒 3 个，盐、料酒、淀粉、酱油、香油、生抽、糖适量

 做法

01 猪肉和酸豇豆切丁，蒜和泡椒切碎。

02 肉丁中添加少量盐、料酒、淀粉、酱油和香油，拌匀，腌15 分钟。

03 起油锅，油热后放入肉丁，翻炒至变色熟透，盛出。

04 锅中倒油，爆香蒜和泡椒。

05 加入酸豇豆，中火煸炒 3 分钟。

06 放入肉丁，翻炒均匀。用一点点生抽和糖调味，继续翻炒 2分钟即可出锅。

Chapter 9
妈妈牌零食
亲手做，放心吃

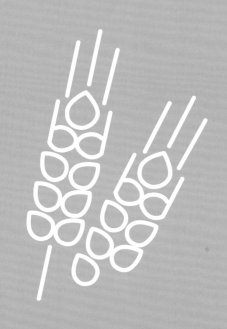

妈妈亲手做
就是不一样

草莓酱

自制果酱不添加防腐剂，纯天然，孩子爱吃，妈妈放心。

原料

草莓 1000 克，糖 550 克，黄柠檬 1 个

 做法

01

草莓洗净，用淡盐水浸泡 15 分钟，再次冲洗，沥干，去蒂。

02

撒上糖，拌匀，腌 10 分钟。

03

将草莓放入不锈钢锅里，大火煮开，转中小火煮，不停用勺子搅拌。

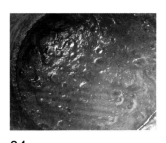

04

待草莓酱逐渐浓稠时，转小火慢慢煮，不停用勺子搅拌，以免粘锅。

05

煮到浓度适宜时，挤入一些柠檬汁，搅匀，继续用小火煮 5 分钟。

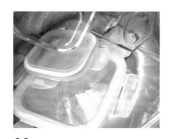

06

提前准备好玻璃容器，用开水煮一下，控干。

07

将草莓酱趁热装入玻璃容器中，盖紧盖子，倒扣晾凉，低温保存。

 Tips

① 糖的用量酌情掌握，先少放点儿，煮的过程中尝一尝，不甜可再加。若想草莓酱长期保存的话，糖的用量应不少于草莓用量的 65%；若打算在短期内将草莓酱吃完，糖的用量可减少一半。

② 煮果酱时锅边不能离人，并且要不停搅拌，以免粘锅。

③ 果酱中加入柠檬汁可以起到调整酸度、杀菌防腐、增加果香和提高光泽度的作用，没有也可以不放。

④ 煮果酱时最好使用砂锅和不锈钢锅，不要使用铁锅和铝锅。

暄软香甜的
发面版麻花

麻花

这款发面麻花制作简单，只要会蒸馒头，就可以自己在家炸麻花。发面麻花的特点是暄软香甜，刚出锅的时候吃，味道最好。晾凉的麻花要尽早装入保鲜袋密封，以免表皮风干，影响口感。

Tips

① 酵母化开后静置 3 分钟，是为了增加其活性，从而加快面团的发酵速度。

② 糖的用量可以酌情增减。

③ 面团的软硬要适中。

④ 将麻花坯放在盖帘上醒发时，麻花坯之间应留有空距，以免醒发后粘连。

⑤ 二次醒发的时长要根据室温自行调节。

⑥ 若是掌握不准油温时，可以放入一个麻花试一下，若麻花入锅后马上浮起，说明油温正合适。

⑦ 炸麻花时不要用大火。以免外表炸煳了内部还没熟，油烧热后转成中火炸即可。

原料

面粉约 500 克，鸡蛋 4 个，糖 40 克，酵母 4 克，花生油适量

做法

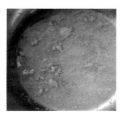

01
酵母用少量温水化开，静置 3 分钟。

02
打入鸡蛋，加入糖，用筷子搅拌均匀。

03
先加 500 克面粉，用筷子搅匀，若面粉不够可以再加。

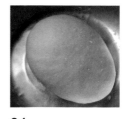

04
把面絮揉成光滑的面团，盖上保鲜膜，放在温暖处醒发。

05
面团醒发至体积变为原来的 2 倍时，取出。

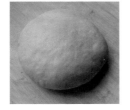

06
揉匀，排气。

07
将面团擀成长方形，切成一根根粗面条。

08
将粗面条搓成粗细均匀的细长面条。

09
将面条对折，双手各捏紧一端，向相反的方向一直拧到极限后对折，形成麻花的形状。最后把面条一端从另一端的缝隙中穿出来。

10
将麻花坯放在盖帘上，用湿布或保鲜膜盖上，放在温暖处进行二次醒发。

11
麻花坯变膨松后，起油锅，依次放入麻花坯，用中火炸。

12
要勤观察，勤翻动，等到麻花整个变成金黄色，捞出控油。

简单好味的
家庭烤箱版

糖烤板栗

喜欢糖炒板栗的朋友完全可以在家自制。这款糖烤板栗是用烤箱制作的，做法简单，唯一需要提前准备的就是把所有板栗都划开一个小口。

原料

新鲜板栗 1000 克，玉米油 1 勺，糖浆适量

做法

01

板栗洗净。

02

用裁纸刀把所有板栗拦腰划开一个小口。

03

倒入一勺玉米油，拌匀。

04

将板栗平铺在烤盘内，放入烤箱中层，用 200℃ 上下火，烤 25 分钟。

05

糖浆提前用水稀释。

06

取出板栗，刷糖浆水，开口处要刷到、刷匀。

07

将板栗放入烤箱，继续烘烤5 分钟。

Tips

① 不喜欢油和糖的，可以不添加，直接烤原味的。

② 割板栗的刀要锋利，裁纸刀很方便，但要小心操作，以免伤到手。

③ 板栗上的刀痕不必太深，露出板栗肉即可。

④ 糖浆可以用糖或蜂蜜代替。

⑤ 大个板栗用烤箱烤不容易烤熟，选中等大小的板栗更容易烤熟、烤透。

⑥ 烤板栗的时长视板栗大小和烤箱功率而定。

⑦ 没有烤箱的，可以尝试用电饼铛、炒锅、微波炉或者高压锅烤板栗，烤出的板栗味道各不相同。

亲手做
放心吃

蜜汁猪肉脯

　　蜜汁猪肉脯，孩子们都爱吃。这款妈妈亲手做的健康零食，可以让孩子在课间食用，以便补充能量。

Tips

① 猪肉要选择纯瘦的，调料可以根据自己的口味而定。

② 肉馅要擀平、擀匀，这样才能受热均匀，口感一致。

③ 烘烤的时长要根据烤箱功率还有肉馅的厚薄来定，快烤好时要勤观察，免得烤煳。

④ 刷蜂蜜水的次数要根据自己的口味来决定。

⑤ 中途可以翻面烤，也可以不翻，翻面的时候动作要轻，注意别把整片肉弄碎了。

⑥ 猪肉可以用鸡肉或牛肉代替。还可以先把肉切成片或条再放入烤箱烤。除了黑胡椒味的，还可以将肉脯做成麻辣、咖喱或者五香味的。

原料

猪瘦肉 300 克，蜂蜜 25 克，玉米淀粉 5 克，料酒、盐、老抽、味精、姜粉、五香粉、黑胡椒粉、糖、白芝麻适量

 做法

01

猪瘦肉剁碎。蜂蜜中倒入适量温水，制成蜂蜜水。

02

猪肉中加入料酒、盐、老抽、味精、姜粉、五香粉、黑胡椒粉、糖和玉米淀粉。

03

沿着一个方向搅拌均匀并搅打上劲。

04

烤盘内铺锡纸，锡纸上刷一层油，把肉馅平铺在烤盘上。

05

盖上一层保鲜膜，用擀面杖把肉馅擀平、擀匀。

06

烤箱预热后，将烤盘放入中层，用 180℃上下火烤约 15 分钟。

07

看到烤盘的肉馅出水，取出烤盘，将水倒出，继续把烤盘放回烤箱内烘烤。

08

烤至肉片表面干爽，均匀刷上一层蜂蜜水，继续烤。刷蜂蜜水的次数视口味而定。

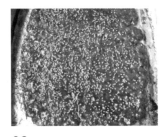

09

最后一次刷蜂蜜水时，撒上白芝麻，烤至肉片水分全无，香味飘出，取出晾凉，切片。

自制的
健康美食

咖喱牛肉干

这款自制牛肉干货真价实，健康味美，孩子爱吃。

原料

牛肉 700 克，咖喱粉 30 克，姜 1 小块，料酒 、糖、盐、生抽适量

 做法

01

牛肉洗净，去掉筋膜，切大块。姜切片。

02

锅中倒水，放入牛肉，大火煮至沸腾，倒入料酒，继续煮 5 分钟，去除血沫和杂质。

03

捞出牛肉，用热水洗净，沥干。

04

牛肉放入高压锅，加入姜，倒入适量热水，大火煮开，上汽后用中火煮 20 分钟。

05

高压锅自然排气后，取出牛肉晾凉，顺丝切成粗细均匀的条。牛肉汤盛出备用。

06

起油锅，油热后将牛肉条平铺在锅中，加入料酒、糖、盐、生抽和一勺肉汤，煮至汤汁都被牛肉条吸收。

07

撒上咖喱粉，拌匀，关火。

08

将牛肉条平铺在烤盘中。

09

将烤盘放入烤箱中层，用上下火 170℃，烤 40 分钟左右。

10

取出牛肉条，凉透后密封保存。

 Tips

① 切牛肉条的时候，一定要顺丝切而不是逆丝切，逆丝切的话，做出的牛肉干容易碎。
② 口味轻的制作牛肉条时可以不放盐。
③ 咖喱粉可以根据自己的喜好，用五香粉、辣椒粉、孜然粉或黑胡椒粉等代替。

边聊边吃的
补钙小食

虾干

 原料

海虾 500 克，葱白 3 段，姜 3 片，盐适量，料酒少许

 做法

01 海虾洗净。剪去虾枪和虾须。

02 锅中倒入适量的水，放入虾、葱和姜，大火煮开。

03 加入盐和料酒，继续煮 2 分钟，关火。

04 让虾在水中浸泡 30 分钟。

05 将虾取出，沥干，逐个平铺在烤盘中。

06 将烤盘放入烤箱中层，上下火180℃，烤 30 分钟左右，中间要翻面。